AF588876

40 POIRES

POUR

LES DIX MOIS DE JUILLET A MAI.

MONOGRAPHIE

DIVISÉE EN QUATRE SÉRIES DE 10 POIRES

DONT LA MATURATION S'EFFECTUE PENDANT CHACUN DES MOIS DE JUILLET A MAI;

CONTENANT

LE NOM ET LA SYNONYMIE DES POIRES,

Leur description et celle de l'arbre; le mode de culture;

L'INDICATION DE L'ORIGINE ET L'ÉPOQUE DE LA CUEILLETTE DU FRUIT,

AVEC

LA SILHOUETTE DE CHACUN,

Dessinée d'après nature et de grandeur naturelle;

SUIVIE

DE CONSIDÉRATIONS GÉNÉRALES SUR LA CULTURE ET LA TAILLE DU POIRIER,

PAR M. **P. de M***.**

(Extrait du *Sud-Est*, journal agricole et horticole).

DEUXIÈME ÉDITION

Augmentée de la **Description d'une série de poires à cuire et à compote;**

IMPRIMÉE AVEC LUXE.

Prix: 3 fr. 50.

(Rendu franco à domicile. — Joindre des timbres-poste. — Affranchir. — On peut déduire les frais de poste.

GRENOBLE,

PRUDHOMME, IMPRIMEUR-ÉDITEUR, RUE LAFAYETTE, 14.

1860.

PROPRIÉTÉ DE L'ÉDITEUR.

AVIS DE L'ÉDITEUR.

M. P. de M., en donnant au *Sud-Est* l'intéressante notice des Quarante poires, a eu la bienveillance d'ajouter en note, au passage guillemeté de la page 10 : *A supprimer si l'éditeur le juge convenable.* Nous nous garderons bien de faire la moindre suppression aux articles de M. P. de M. : on ne peut que les trouver trop courts. La publication de notre *méthode pratique de la classification des poires* [1] a été faite dans le but d'obvier, quant à ces fruits, à la regrettable lacune d'un classement par ordre de mérite de toutes les variétés de plantes alimentaires. Le travail du congrès pomologique de Lyon sur le degré des diverses qualités de chaque poire nous a suggéré l'idée de chercher, au moyen de ces données, à mettre par ordre de mérite les fruits étudiés par le congrès. D'après M. P. de M., ce travail n'atteint pas le but proposé, et les raisons qu'il donne paraissent péremptoires. Nous ne regrettons pas cependant cette tentative, puisqu'elle appelle l'attention sur un sujet aussi important que celui de créer une marche rationnelle de culture ; notre but principal a été atteint. Quoi qu'il en soit, nous reviendrons plus tard sur cette méthode pour essayer si elle ne serait pas susceptible d'amélioration dans le sens très-judicieux de la critique.

Il y a toujours lieu de s'étonner que les sociétés se préoccupent si peu du classement de toutes les espèces végétales d'agriculture et d'horticulture alimentaires par ordre de mérite, avec l'indication des qualités nutritives de chacune, des sols, des expositions, des altitudes et des latitudes qui leur sont propres, et les modes de culture qu'elles réclament. On ferait alors son choix en raison de ses facultés. C'est un travail énorme sans doute, mais il semble que tout gouvernement devrait avoir à cœur de le faire exécuter, et il ne serait certainement pas indigne de la section des sciences de l'académie ; car la science de la vie domine toute autre science, et en rendre la pratique accessible à tout le monde est éminemment social. Pour aller vite, il faudrait une section spéciale dans laquelle seraient admises toutes les personnes qui auraient produit les travaux les plus utiles dans ce genre.

Nous devons rappeler que M. Payen, notre grand chimiste, a déjà publié sur ce sujet un volume des plus intéressants qui fait partie de la bibliothèque des chemins de fer ; il est intitulé : *Des substances alimentaires et des moyens de les améliorer, de les conserver et d'en reconnaître les altérations.* Prix : 3 fr., chez Hachette, rue Pierre-Sarrazin, 14.

---

[1] *Sud-Est* de 1859, p. 80.

Pourquoi quarante Poires ?

La livraison n° 18 de la *Revue horticole*, publiée à Paris sous la direction de M. J.-A. Barral, contient dans sa chronique les lignes suivantes :

. . . .

Puisque nous parlons de poires, nous ne devons pas non plus manquer de signaler une intéressante notice que M. P. de M. a adressée au journal agricole et horticole le *Sud-Est*, et qui est intitulée : *les Quarante Poires*. Pourquoi quarante ? l'auteur dit que c'est beaucoup et même trop. Si c'est trop, il ne fallait pas chercher systématiquement 4 dizaines. Quoi qu'il en soit, l'auteur suppose un amateur qui veut 10, 20, 30 ou 40 poires, et il dit successivement comment chaque dizaine doit être composée.

. . . .

L'auteur a aussitôt adressé la réponse ci-après à M. Barral, et M. Barral l'a insérée dans la *Revue horticole*, n° 19 en la faisant précéder de ces lignes :

En rendant compte, dans notre dernière chronique, d'une notice très-intéressante sur les poires, dont la première partie est publiée dans le journal le *Sud-Est*, nous avons fait quelques remarques qui nous valent la lettre suivante. Par une modestie excessive, notre correspondant désire continuer à garder l'anonyme ; nous respectons son désir, mais nous pensons qu'il peut exercer une sérieuse action sur les progrès de la pomologie, et qu'il devra un jour combattre à enseignes découvertes :

Meylan, le 22 septembre 1859.

Monsieur le Directeur,

Pour répondre aux désirs de quelques amis, j'ai adressé au *Sud-Est* une liste de fruits que je crois les meilleurs et les plus avantageux à cultiver ; j'y ai joint une figure au trait et une courte description de chaque variété.

Mon éditeur, trop bienveillant, a déclaré tout d'abord qu'il voulait reproduire en brochure ce petit travail ; d'un autre côté, vous avez bien voulu le remarquer, puisque vous en entretenez vos lecteurs dans la *Revue horticole*. Cette double preuve d'attention, je dirai presque ce double succès, me met dans l'obligation de répondre à votre question et à la réflexion qui l'accompagne : « *Pourquoi quarante poires ? l'auteur dit que c'est trop, il ne fallait pas chercher à fournir systématiquement quatre dizaines.* »

Les planteurs d'arbres à fruits ne poursuivent pas tous le même but, et peuvent, par contre, se diviser en plusieurs catégories.

Les uns font de la pomologie une étude sérieuse et essaient toutes les nouveautés. Ils savent d'avance les déceptions qui les attendent : mais ils s'estiment heureux, quand, après vingt essais, ils ont trouvé un bon fruit ; non contents d'expérimenter les gains des autres, ils cherchent encore à les accroître par des semis. A ceux-là, je dis : Courage et persévérance ! Je suis des vôtres.

Ce n'est pas pour eux que j'ai écrit : hommes d'étude et de pratique, je n'ai rien à leur apprendre : je leur soumets mon travail, voilà tout.

Les autres, étrangers par leurs goûts autant que par leurs occupations habituelles à la pomologie, ne cherchent dans l'arbre qu'ils plantent, ou plutôt qu'ils font planter, que le meilleur et le plus grand produit possible; laissant à d'autres le soin d'expérimenter et de collectionner, ils veulent s'en tenir aux variétés éprouvées. Voici, leur dis-je, les quarante poires que je crois les meilleures; elles vous tiendront lieu avantageusement de toutes les autres, et vous donneront pendant toute l'année de beaux et excellents fruits.

Il est aussi des fortunes modestes, des jardins circonscrits; en vain l'on mesure en long et en large, l'espace ne comporte ici que vingt, là que trente arbres; celui-ci peut prendre mes deux premières séries; celui-là y ajouter la troisième. Telle est la raison de ma division par dizaine comprenant des fruits de toute saison.

Vient enfin le jardinier horticulteur qui compte sur son jardin pour vivre, qui a besoin de faire le plus d'argent possible pour nourrir sa famille. Incontestablement, pour lui quarante variétés, c'est trop! c'est beaucoup trop! S'il m'en croit, il s'en tiendra aux dix premières variétés que j'ai indiquées: il les répétera dix fois, vingt fois, cent fois, s'il le faut, et je lui garantis qu'il obtiendra un bénéfice net plus considérable que s'il en plante soixante, voire même quarante; je crois que tous les praticiens seront de mon avis. C'est en ce sens que je dis que quarante, c'est trop.

J'espère, Monsieur, avoir répondu à votre question, et vous avoir convaincu qu'il n'y a rien de systématique dans mon travail. Autant je suis partisan d'une bonne méthode, autant je suis opposé à tout esprit de système.

Au reste, je vous remercie de m'avoir fourni l'occasion d'expliquer ma pensée: elle manquait de développement, je le reconnais, c'est ce qui me fait espérer que vous voudrez bien insérer ces quelques observations.

A propos des qualités diverses que peut posséder un fruit, vous dites que c'est se montrer bien exigeant que vouloir les réunir toutes dans un même fruit. Vous avez raison; je vais même plus loin que vous: c'est impossible. Aussi je tiens compte de toutes les qualités dont je parle, mais je ne les exige pas; lorsque l'une d'elles manque, je cherche des compensations dans le degré de perfection des autres. Pour ne citer qu'un exemple, j'ai admis dans la deuxième série la *Bonne de Malines*, qui n'est ni grosse ni belle, qui est même petite, mais qui est un fruit exquis, le premier de tous pour la bonté, au goût de bien des amateurs; le second au mien, qui place en première ligne le *Passe Colmar*.

Maintenant ai-je prétendu présenter une arche sainte à laquelle il est défendu de toucher? loin de là: je sais trop bien que les goûts et les terrains sont divers; tel fruit qui est excellent dans le département de l'Isère pourra ne pas réussir dans un autre.

Je ne me dissimule pas, au reste, que dans quelques années ce travail sera à refaire: vraisemblablement des variétés plus méritantes encore auront surgi; mais, alors comme aujourd'hui, je crois que les planteurs trouveront profit et avantage à restreindre le nombre des variétés en introduisant les variétés plus méritantes, en remplacement de celles qui le seront moins.

En attendant, si j'ai pu contribuer à propager quelques bonnes variétés, si j'ai fait remplacer quelques fruits médiocres ou mauvais par des meilleurs, mon but sera atteint et mon ambition satisfaite.

Veuillez agréer, etc. P. DE M.

QUARANTE POIRES.

PREMIÈRE PARTIE.

Choix et description des variétés.

Depuis quelques années j'ai rassemblé dans ma propriété de Meylan 200 variétés de poiriers; la plupart ont déjà fructifié et j'ai pu les étudier : c'est avouer, que si j'ai reconnu des variétés bonnes, fertiles, avantageuses enfin sous tous les points de vue, j'ai dû aussi éprouver de nombreux mécomptes. J'ai collectionné à dessein, pour faire une étude qui me plaisait; mais maintenant, plus que jamais, il m'est parfaitement démontré que le planteur qui s'en tiendrait exclusivement à un petit nombre de variétés, serait celui qui réaliserait la plus grande somme de jouissances et de profits.

Les dissertations savantes sur le genre poirier ne manquent pas; les monographies avec indications de toutes sortes, sont plus nombreuses encore; sans parler des auteurs anciens dont les travaux ont vieilli par suite des gains modernes, ceux qui veulent rassembler de nombreuses variétés de poiriers peuvent consulter la pomologie belge, les publications de M. Lyron d'Airolles, et enfin les comptes-rendus du congrès pomologique. Malheureusement tous ces travaux, si utiles à l'intrépide collectionneur, laissent le propriétaire qui veut planter dix ou vingt arbres de choix, dans une cruelle incertitude; il ne sait où se fixer au milieu de ce déluge de très-bon, très-beau, très-fertile, et finit par livrer au hasard le choix de ses arbres; bienheureux quand, séduit par de brillantes descriptions, il ne prend pas des fruits tous d'une même saison.

Le congrès pomologique lui-même, dont les travaux sont si remarquables et qui s'est donné pour mission de restreindre le nombre des variétés, en recommande déjà 120, bien qu'il ne compte encore que trois ou quatre années d'existence : c'est déjà de la collection; que sera-ce dans quelques années? Il est incontestable, cependant, que dans le nombre des variétés qu'il a décrites, il en est de meilleures et de plus avantageuses les unes que les autres, et qui, par conséquent, doivent être préférées, je ne dirai pas seulement par celui qui veut planter un nombre d'arbres limité, mais même par ceux qui veulent faire de grandes plantations et en tirer tout le profit possible. Ce qui manque donc, c'est une indication précise des variétés les meilleures et les plus avantageuses ; je vais tâcher d'établir cette liste réduite et la soumettre aux planteurs.

« Le *Sud-Est* a donné, dans son numéro de février, sur les indications du congrès pomologique, un projet de classement des poires, d'après lequel il paraîtrait que ce travail est tout fait ; malheureusement ce classement, fort ingénieux du reste, pèche par la base, en supposant d'égales valeurs les qualités si diverses de bonté, de grosseur et de fertilité ; or, il n'en est point ainsi. Quelque beau et quelque gros que soit un fruit, je ne le cultiverai pas s'il est mauvais ; ce que je ferai, au contraire, quelque petit qu'il soit, s'il est exquis. C'est ce qui a lieu pour le beurré Milet et pour la bonne de Malines, qui sont des fruits de premier ordre, bien qu'ils soient petits. Quelques rapprochements feront encore mieux saisir le défaut capital du classement proposé. D'après la méthode, la poire de Curé est dans la quatrième classe, au même rang que le Passe-Colmar ; or, la poire de Curé est un fruit médiocre, et le Passe-Colmar est à mon avis la meilleure poire connue. La bonne de Malines ou Colmar-Nélis, qui dispute la palme au Passe-Colmar, n'est placé que dans la cinquième classe.

» Le doyenné Boussoch, la Belle sans pepins, deux poires médiocres, qui sont blettes aussitôt que mûres, sont dans la cinquième classe, au même rang que le beurré Giffart, l'Epine du mas, le bon chrétien Napoléon, le beurré Goubault, etc., excellentes poires ; la Joséphine de Malines, la duchesse de Berry d'été, la fortunée, toutes très-bonnes, ne viennent au contraire que dans la sixième. Ces exemples suffisent pour montrer combien cette méthode pourrait induire les planteurs en erreur. J'espère que l'estimable auteur du projet de classement me pardonnera une critique que je ne me suis permise que parce que je sais qu'avant tout il met son amour-propre à être utile et à rechercher la vérité. »

Dans un classement bien entendu, toutes les qualités du fruit doivent être prises en considération, mais à des titres divers.

Les voici, je crois, classés d'après leur importance relative :

Bonté.

Fertilité.

Bonne et longue garde.

Grosseur et beauté.

Arbre plus ou moins vigoureux.

Evidemment, la bonté intrinsèque du fruit doit passer en première ligne, puisque c'est une condition *sine qua non* d'admission.

La fertilité tient le second rang ; que m'importe, en effet, qu'un fruit soit très-gros et de longue garde, si j'en suis habituellement privé par l'infertilité de l'arbre !

La longue garde doit encore être préférée à la grosseur : à bonté égale, il est plus avantageux de jouir d'un fruit pendant un mois, par exemple, que d'en posséder un plus beau, qui passera en huit jours ; enfin, vient la grosseur.

J'ai placé en dernière ligne le plus ou moins de vigueur de l'arbre, parce qu'avec nos moyens de culture, une taille intelligente et le choix judicieux des sujets qui doivent recevoir la greffe, nous pouvons en partie remédier à ces défauts.

C'est en tenant compte de toutes ces qualités d'après leur valeur relative, que je suis arrivé à dresser une liste de 40 fruits qui, selon moi, peuvent tenir lieu de tous les autres.

40 fruits! c'est beaucoup, c'est même trop à mon avis : pour atténuer cet inconvénient, et pour guider ceux qui voudraient en planter un moins grand nombre, j'ai divisé les 40 variétés en quatre séries égales de dix; chaque dizaine renferme des fruits de toutes saisons, et porte en outre un numéro d'ordre. La première dizaine renferme les fruits les plus parfaits; ceux que j'appellerai les fruits de fondation; ceux que tout propriétaire est tenu d'avoir; ceux qui, à la rigueur, peuvent suffire et tenir lieu de tous les autres. La seconde renferme les fruits qui, dans ma pensée, viennent immédiatement après, et ainsi de suite des autres.

Depuis que je m'occupe d'arbres à fruits, chaque année, à l'automne et au printemps, il m'est demandé des listes des meilleurs fruits; qui demande 20 variétés, qui en demande 30; c'est ce qui m'a décidé à adopter cette division dans ce petit travail qui, je l'espère, aura son utilité pratique pour ceux qui ne veulent pas ou n'ont pas le temps de se livrer à une étude que l'on ne fait guère, d'ailleurs, qu'à ses dépens.

PREMIÈRE SÉRIE.

1. Beurré Giffard, juillet.
2. Bon chrétien Williams (Bartlett de Boston, Barnet's, Bon chrétien Barnet, Williams Pear), fin août, comm[t] septembre.
3. Louise, bonne d'Avranches (Bonne de Longueval, Louise de Jersey), septembre.
4. Duchesse d'Angoulême (Duchesse), octobre, novembre.
5. Beurré Clairgeau, novembre, décembre.
6. Beurré Diel (Beurré incomparable, Beurré magnifique, Beurré des Trois-Tours, Beurré royal), novembre, décembre.
7. Beurré d'Hardenpont (Beurré d'Aremberg [en France], Glou-Morceau), décembre, janvier.
8. Passe-Colmar (Passe-Colmar gris ou doré), décembre, janvier.
9. Doyenné d'hiver (Bergamotte de la Pentecôte, Dorothée royale), janvier, avril.
10. Bergamotte Esperen, hiver jusqu'en mai.

DEUXIÈME SÉRIE.

1. Epargne (Beau présent, Cuisse Madame, St-Samson, Cueillette), juillet.
2. Beurré Goubault, fin août, septembre.
3. Bonne d'Ezée, septembre.
4. Seigneur (Bergamotte fiévée, Bergamotte lucrative, Fondante d'automne), septembre, octobre.
5. Colmar d'Aremberg, octobre, novembre.
6. Van Mons de Léon Leclerc, novembre.
7. Triomphe de Jodoigne, novembre, décembre.
8. Bonne de Malines (Colmar Nélis, Nélis d'hiver), décembre, janvier.
9. Doyenné d'Alençon (Doyenné d'hiver nouveau), janvier, février.
10. Bergamotte fortunée (Fortunée), jusqu'en mai.

TROISIÈME SÉRIE.

1. Duchesse de Berry d'été, août.
2. Beurré d'Amanlis (Wilhelmine), septembre.

3. Frédéric de Wurtemberg (Médaille d'or), septembre, octobre.
4. Beurré d'Apremont (Beurré Bosc), octobre.
5. Saint-Michel-Archange, octobre.
6. Délices de Louvenjoul (Jules Bivort), octobre, novembre.
7. Epine du Mas (Colmar du Lot, Duc de Bordeaux), octobre, novembre.
8. Nec plus Meuris (Beurré d'Anjou), novembre.
9. Joséphine de Malines, décembre, janvier.
10. Bon chrétien de Rans (Beurré de Rance, Beurré de Noirchain), février, mars.

QUATRIÈME SÉRIE.

1. Doyenné de juillet (Roi Jolimont), juillet.
2. Jalousie de Fontenay (Jalousie de Fontenay-Vendée), septembre.
3. Saint-Nicolas (Beurré St-Nicolas, Duchesse d'Orléans), septembre, octobre.
4. Beurré Hardy, septembre, octobre.
5. Fondante des bois (Beurré Davy, Beurré Spence, Beurré de Bourgogne, Beurré St-Amour, Belle de Flandre, Beurré Foidart), octobre.
6. Bon chrétien Napoléon (Beurré Napoléon, Liard, Médaille, Captif de Ste-Hélène), octobre, novembre.
7. Beurré de Luçon (Beurré gris d'hiver nouveau), décembre, janvier.
8. Beurré Millet, décembre, janvier.
9. A cuire. Martin sec (Rousselet d'hiver), décembre, janvier.
10. A cuire. Catillac (Gros Gilot, Gros Monarque, Monstrueuse des Landes, Chartreuse), février, mars.

On sera peut-être étonné que je néglige autant nos anciennes variétés, c'est que je suis parfaitement convaincu que celles que je propose sont au moins aussi bonnes et infiniment plus profitables. Ce n'est pas que je ne reconnaisse que plusieurs de nos fruits anciens ne soient excellents quand on peut les obtenir sains; mais ces variétés épuisées ne donnent plus que des arbres peu vigoureux, généralement chancreux et atteints de gale, et des fruits tachés, presque toujours véreux ou pierreux. Voici, au reste, les meilleurs par ordre de mérite :

Beurré gris. — Crassane. — Saint-Germain. — Doyenné gris. — Doyenné blanc. — Bon chrétien d'hiver.

Ceux qui voudraient les cultiver et les avoir sains, devront leur consacrer un espalier au couchant et les y conduire en palmettes; on pourra y joindre le vrai beurré d'Aremberg ou orpheline d'Enghien, excellent fruit que je n'ai pas admis parce qu'il réclame également l'espalier.

Maintenant que nous avons nos 40 poires, il s'agit de parfaitement les déterminer, pour bien les reconnaître et éviter les méprises, d'étudier leurs qualités pour savoir si nous avons agi avec discernement dans notre choix, et enfin, de fixer les procédés de culture qui doivent, pour chaque espèce, nous donner le maximum du produit, ce qui nous conduit naturellement à une notice spéciale pour chaque variété. Nous suivrons l'ordre établi dans chaque série.

Première Série. — N° 1.

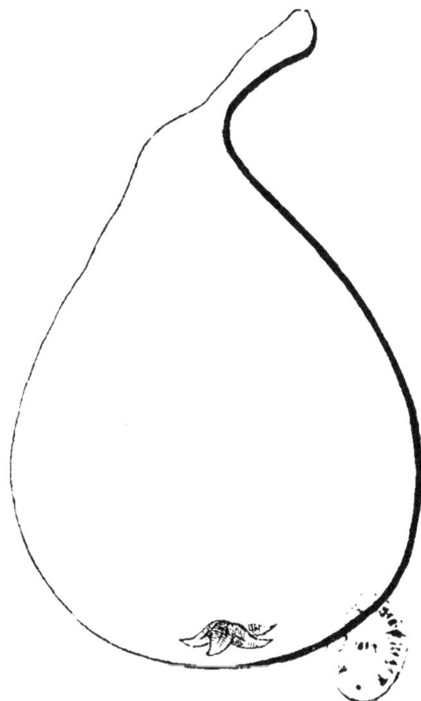

Beurré Giffart (juillet).

Fruit. — Moyen, de formes régulières, pyriforme; peau fine, verte, assez régulièrement parsemée de points gris; quelquefois légèrement colorée en rouge du côté du soleil; passant au vert jaunâtre lors de la maturité. Il ne faut pas attendre que le fruit soit tout à fait jaune, car alors il est passé.

Pédoncule. — De grosseur et de longueur moyenne, un peu arqué, surmontant assez régulièrement le fruit.

Calice. — Ouvert, peu enfoncé, à cinq divisions vertes à la base et grises aux extrémités.

Chair. — Fine, fondante, eau abondante et sucrée : si l'on pouvait reprocher quelque chose au beurré Giffart, ce serait de manquer un peu de parfum; ce n'en est pas moins un excellent fruit, et la première très-bonne poire de la saison. Il est meilleur lorsqu'il s'achève au fruitier, après avoir été cueilli quelques jours avant sa maturité, qui a lieu du 10 au 30 juillet, suivant l'année. Il est de bonne garde pour un fruit d'été.

Arbre.—Assez vigoureux, fertile, à rameaux un peu grêles, assez distants les uns des autres; écorce des jeunes rameaux, de couleur foncée tirant sur le violet avec des taches blanches: feuilles étroites, vert foncé, très-distancées les unes des autres, longuement pétiolées, avec deux longs appendices à la base.

Culture. — Le beurré Giffart réussit également sur cognassier et sur franc, et peut se plier à toutes formes; il sera plus avantageux, néanmoins, de le cultiver sur franc et à plein-vent; le bois est souple, le fruit bien attaché, et par conséquent, pourra résister aux vents. Naturellement fertile, le beurré Giffart le sera encore davantage en plein-vent.

Si on le cultive en pyramide, les yeux étant très-distants les uns des autres, il sera nécessaire, pour le garnir de productions fruitières, d'allonger la taille et de le tenir régulièrement pincé, sauf, bien entendu, les branches de prolongement.

Origine. — Ce fruit a été obtenu à Angers, par le jardinier Giffart.

PREMIÈRE SÉRIE. — N° 2.

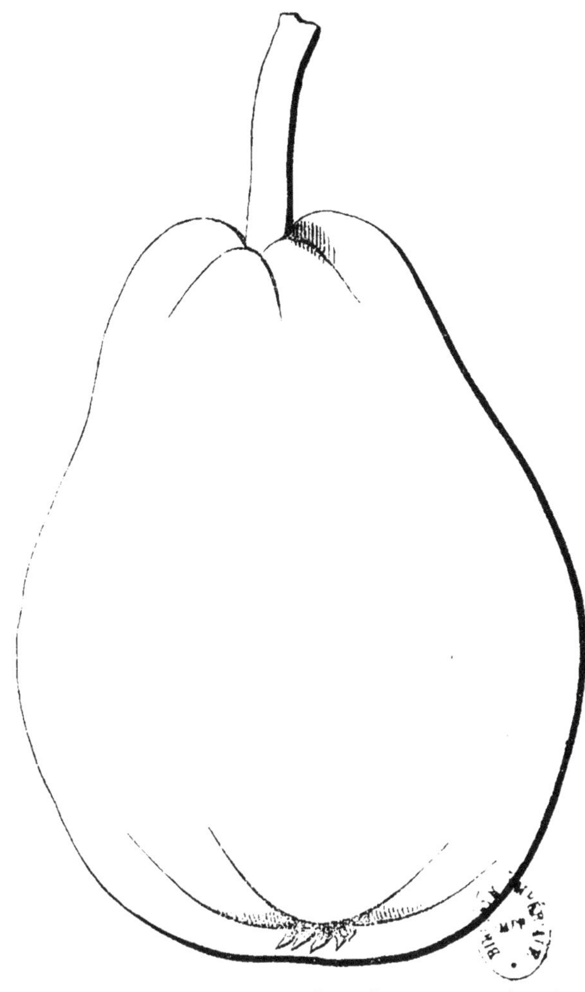

Bon chrétien Williams (fin août, commenc[t] septembre).

SYNONYMES : *Bartlett de Boston, Barnet's, Bon chrétien Barnet, Williams Pear.*

Fruit.— Gros, ventru, bosselé ; peau mince, vert-clair, ponctuée et tachée de roux, quelquefois légèrement colorée; passe au jaune d'or le plus vif à la maturité.

Pédoncule. — Gros, ligneux, brun, pas très-long, placé un peu de côté dans une cavité formée de bosselettes.

Calice. — Ouvert, couronné, à divisions noires assez longues, quelquefois caduques; se trouve presque à fleur des fruits entre quelques bosses qui en forment la base.

Chair. — Fine, fondante, demi-beurrée ; eau abondante, sucrée, relevée et musquée. Ce beau et excellent fruit commence à mûrir fin d'août, et se prolonge pendant tout le mois de septembre ; il est de bonne et longue garde.

Arbre. — D'une grande vigueur, d'un beau port et d'une fertilité constante; jeune bois très-gros et fort, d'un beau vert; feuilles larges, vert foncé, finement dentées.

Culture. — Le bon chrétien Williams réussit également sur cognassier et sur franc ; on peut le diriger sous toutes formes. Greffé sur cognassier, il est très-propre à former des cordons et de beaux fuseaux, qui se couvrent de fruits en peu de temps. Les pyramides devront être taillées un peu court; sans cette précaution, l'arbre, à cause de sa fertilité, se chargera de trop de fruits et émettra difficilement des branches à bois. Si l'on désire des pyramides d'un beau développement et des contre-espaliers vigoureux, on fera bien de greffer sur franc, et alors on pourra allonger la taille.

Origine. — Selon M. Bivort, ce beau et bon fruit est originaire de la province de Berkshire (Angleterre), et a été propagé à Londres vers 1770, par Williams.

PREMIÈRE SÉRIE. — N° 3.

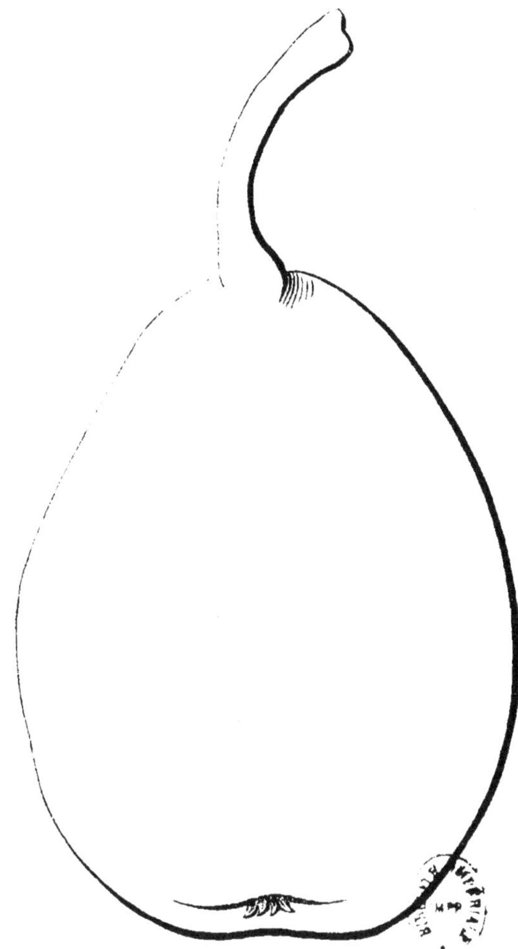

Louise Bonne d'Avranches (septembre).

SYNONYMES : *Bonne de Longueval*, *Louise de Jersey*.

Fruit. — Assez gros, allongé, ventru; peau luisante, d'un vert clair, parsemée de points bruns, fortement colorée du côté frappé par les rayons solaires; passe au jaune vif et au carmin lors de la maturité.

Pédoncule. — Courbé, assez long, habituellement accompagné à la base de gibbosités charnues.

Calice. — Ouvert, assez grand, couronné, à divisions longues, fortes, grises, peu enfoncé dans une large cavité.

Chair. — Blanche, très-fine, fondante; eau très-abondante, bien parfumée et agréablement acidulée. La maturité a lieu de la mi-septembre à la mi-octobre. Cet excellent fruit est de très-bonne garde et dure longtemps.

Arbre. — Vigoureux, excessivement et très-régulièrement fertile; bois vert foncé ainsi que le feuillage, qui est allongé et finement denté.

Culture. — La Louise bonne d'Avranches réussit également sur cognassier et sur franc; cordons, fuseaux, pyramides, palmettes, plein-vent, toutes formes lui conviennent. Je ferai seulement observer, comme pour le Bon chrétien Williams, qu'on devra greffer sur franc si l'on désire obtenir des formes à grand développement.

Cette observation s'applique du reste à tous les fruits naturellement très-fertiles, alors même que, comme la Louise bonne d'Avranches, ils se prêtent bien à la greffe sur cognassier.

Origine. — Ce fruit si précieux remonte à 1788; il a été obtenu à Avranches par M. de Longueval, qui l'a dédié à sa bonne, Louise.

Duchesse d'Angoulême (octobre, novembre).

Synonyme : *Duchesse.*

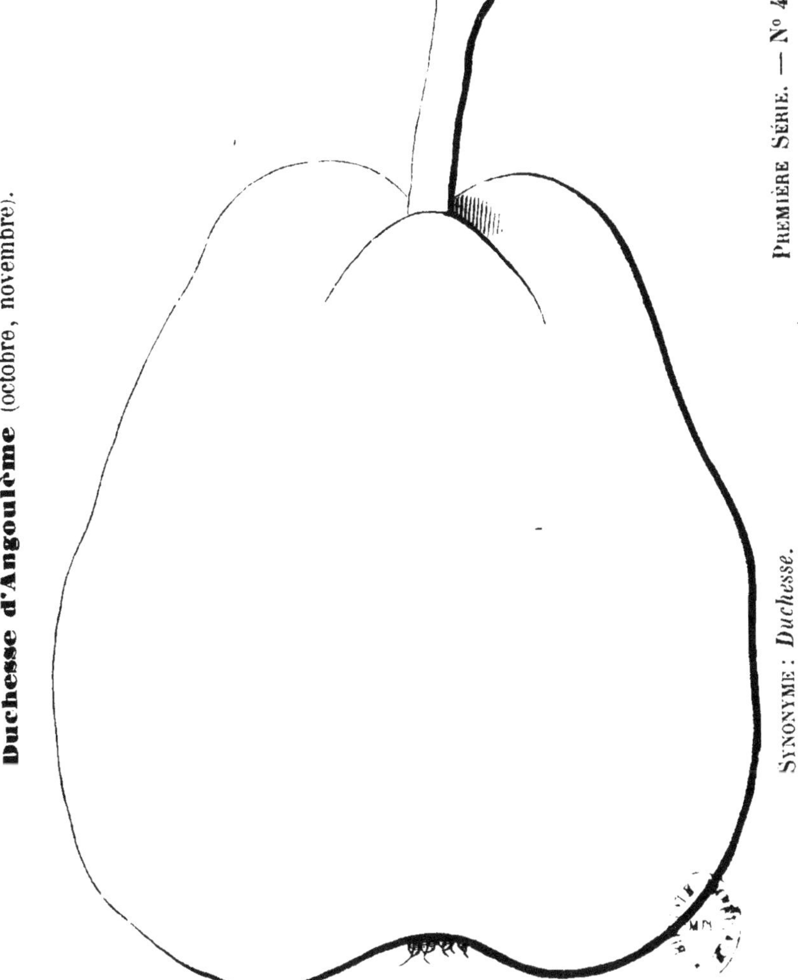

Fruit. — Gros, souvent très-gros, ventru, bossué, obtus aux deux extrémités; peau épaisse, rugueuse, verte, fortement pointillée de gris fauve et chargée de taches de la même couleur; quelquefois lavée de rouge du côté du soleil; devient jaune à la maturité.

Pédoncule. — Fort, ligneux, assez court pour le volume du fruit, placé assez régulièrement dans une cavité formée de bosselettes; quelquefois aussi en tête du fruit, sur une gibbosité assez élevée.

Calice. — Petit, caduc ou à divisions courtes, inégales et fauves; se trouve dans une cavité large et profonde, mais très-accidentée.

Chair. — Grosse, fondante; eau toujours très-abondante, mais plus ou moins sucrée et parfumée suivant les terrains. Sa maturité commence en septembre. Avec des soins, on peut jouir de ce beau fruit jusqu'en janvier; c'est dire assez qu'il est de très-longue garde.

Arbre. — D'une vigueur remarquable et d'une grande fertilité, bois vert-clair, ainsi que les feuilles, qui sont larges, entières ou seulement dentées dans le sommet; l'œil à fruit est gros et bourru.

Culture. — Le poirier Duchesse se greffe avec un égal succès sur cognassier et sur franc; il se ploie à toutes formes et se montre toujours également fertile; le fruit est trop gros cependant pour songer à l'élever à plein-vent. Ce n'est donc pas tant sur le sujet et la forme que doit se fixer l'attention du planteur, que sur la qualité du terrain où il doit être planté. Le fruit, pour acquérir toutes ses qualités, exige un sol sec, et s'il se peut calcaire; il sera de bonne qualité encore dans un sol granitique, pourvu qu'il soit léger et bien écoulé; c'est dans ces conditions que la Duchesse est un fruit excellent, sucré et parfumé. — Dans un sol argileux et froid, au contraire, ou trop riche en humus et trop souvent fumé, les fruits atteindront un volume plus considérable, mais ils seront spongieux et resteront sans saveur. — Pour revenir moins souvent sur les mêmes détails, je généraliserai la remarque qui précède en disant que tous les fruits à très-gros volume demandent, pour acquérir toutes leurs qualités, à être plantés dans des terrains plutôt secs qu'humides, de fertilité moyenne plutôt que trop riches.

Origine. — La Duchesse d'Angoulême a été trouvée près Châteauneuf (Maine-et-Loire), dans le domaine des Esparonnais, appartenant à M. le comte d'Armaillé.

Beurré Clairgeau (novembre, décembre).

Première Série. — N° 5.

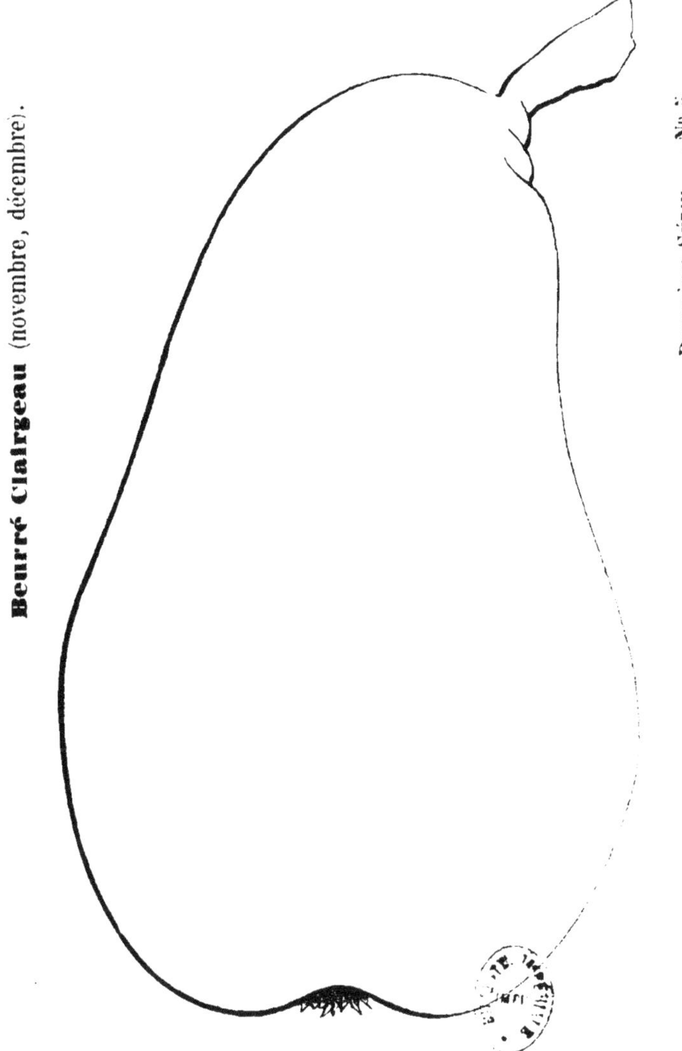

Fruit. — Gros, allongé, en forme de calebasse; peau fine, pointillée de roux-fauve, avec de nombreuses taches de même couleur, surtout vers le calice; à la maturité, elle prend les plus riches couleurs de jaune et de vermillon.

Pédoncule. — Très-court, gros, presque charnu, plissé et mametonné, implanté à fleur de fruit, mais de côté.

Calice. — Ouvert, profond, à cinq divisions brunes, légèrement cotonneuses; placé dans une cavité régulière.

Chair. — Fine, fondante; eau abondante, assez sucrée et parfumée; beau et excellent fruit qui ne mollit pas; sa maturité a lieu en novembre et se prolonge en décembre.

Arbre. — Faible, sur cognassier, mais d'une bonne vigueur sur franc, très-fertile et se mettant vite à fruit, d'un très-grand rapport; bois assez gros, rouge, à plaques grises; feuilles très-grandes et très-épaisses, unies, d'un beau vert sur la surface supérieure, plus pâle sur l'inférieure, irrégulièrement dentées; pétiole long et gros.

Culture.— Le beurré Clairgeau ne devra être greffé sur cognassier que s'il s'agit de le conduire en fuseaux et tout au plus en cordon; car, s'il ne se refuse pas tout à fait à être greffé sur ce sujet, il y reste faible et pousse peu de bois; sur franc, au contraire, il forme vite de belles pyramides et réussit très-bien aussi en espalier et contre-espalier. Il exige pour acquérir toutes ses qualités, les mêmes terrains que la duchesse d'Angoulême. — Ce magnifique fruit a été obtenu par Pierre Clairgeau, jardinier à Nantes.

Beurré Diel (novembre, décembre).

Synonymes : *Beurré incomparable*, *Beurré magnifique*, *Beurré des Trois-Tours*, *Beurré Royal*.

Fruit. — Gros et très-gros, d'une belle forme, presque aussi large que haut ; peau verte, finement pointillée sur toute la surface du fruit ; quelques ombres de rouille enveloppent la base et la tête du fruit qui, à l'époque de la maturité, prend une belle teinte jaune foncé.

Pédoncule. — Gros, fort, raide, brun-roux ; placé entre les plis que forment la tête du fruit.

Calice. — Large, à divisions brunes, longues et fortes ; il se trouve placé dans une cavité moyenne en largeur et profondeur.

Chair. — Blanche, mi-fine, beurrée ; eau assez abondante, sucrée, mais moins parfumée chez moi que la duchesse ; de très-longue garde ; il commence à mûrir fin d'octobre, et avec des soins on peut en prolonger la jouissance jusqu'en janvier.

Arbre. — Vigoureux, même sur cognassier, fertile, mais pas autant que les quatre qui précèdent ; bois fort, brun foncé ; feuilles grandes, ovales, atténuées aux deux extrémités, finement dentées, d'un vert foncé.

Culture. — Le beurré Diel se greffe indifféremment sur cognassier et sur franc ; il sera même plus fertile sur le premier. On devra donc préférer le cognassier toutes les fois que l'on ne voudra pas de très-grandes formes ; toutes, au reste, peuvent être adoptées, sauf le plein-vent, parce que le fruit est trop gros. Je ferai seulement observer que le bois du beurré Diel étant divergent, les pyramides ne seront jamais aussi régulières que dans certaines variétés ; mais il fera très-bien en fuseaux, parce qu'alors il sera constamment pincé ; ou bien en palmettes et en contre-espalier, parce que alors les branches étant palissées, l'inconvénient n'existe plus ; le fruit aura du reste, sous ces deux formes, plus d'air et plus de soleil, et n'en sera que meilleur. Mêmes terrains que pour la Duchesse ; exposition chaude autant que possible. — Ce beau fruit a été trouvé à la ferme des Trois-Tours, près de Vilvorde (Belgique), par M. Meuris, jardinier de Van-Mons.

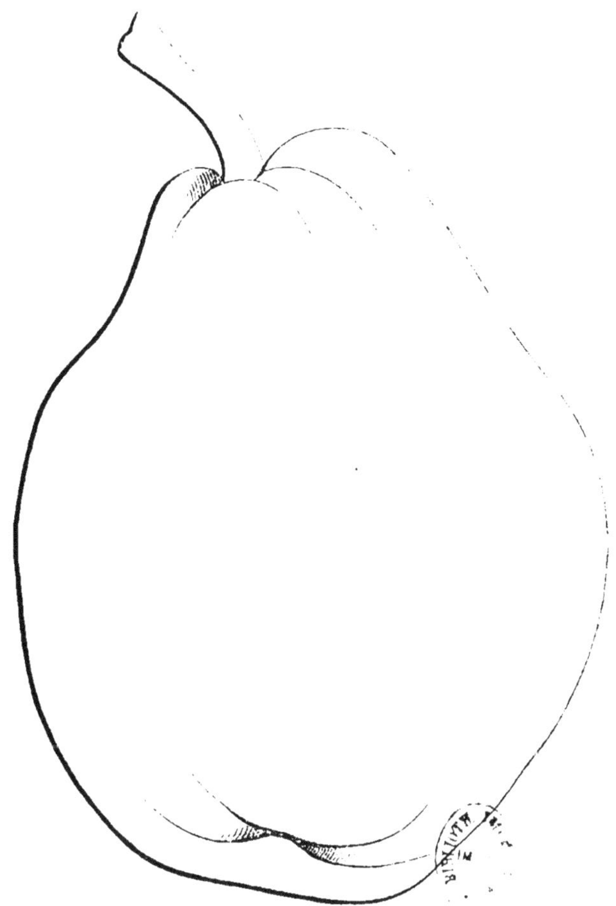

Beurré d'Hardenpont (décembre, janvier).

SYNONYMES : *Beurré d'Aremberg* (en France), — *Glou-morceau.*

Fruit. — Gros, fortement côtelé ou bosselé, ventru, atténué aux deux extrémités ; a quelque ressemblance pour la forme avec le coing de Portugal ; peau vert-très-clair, lisse, grasse, unie, passant à un beau jaune vif à la maturité.

Pédoncule. — De longueur moyenne assez gros, ligneux, roux clair, un peu courbé ; placé entre des bosselettes formant une cavité.

Calice. — Petit, à divisions noires, assez enfoncé dans la cavité que forment les grosses gibbosités du fruit à sa base.

Chair. — Blanche, très-fine et très-serrée, ce qui la rend froide à l'arrière-saison, beurrée, fondante ; eau abondante. Le beurré d'Aremberg doit être mangé très-mûr, pour perdre totalement une certaine âpreté qui lui est particulière ; c'est, au reste, un fruit précieux et de très-longue garde ; on peut en jouir depuis novembre jusqu'en janvier.

Arbre. — Très-vigoureux, fertile ; bois gris-cendré, couvert de petites taches blanches ; feuilles grandes étoffées, affectant une forme assez carrée, frangées sur les bords et d'un beau vert.

Culture. — J'ai entendu dire par des jardiniers et j'ai lu dans quelques auteurs que le beurré d'Hardenpont était peu fertile ; c'est une erreur qui a pris sa source dans une taille défectueuse. Règle générale : moins un arbre est vigoureux, plus vite il se met à fruits ; par contre : plus il est vigoureux, plus le fruit se fait attendre, quoique la variété soit d'ailleurs fertile ; c'est ce qui a lieu pour le beurré d'Hardenpont. Greffez-le sur cognassier, ne l'assujettissez pas aux petites formes, telles que fuseaux et cordons, vous auriez trop de bois ; mais élevez-le en pyramides ou en palmettes ; allongez la taille, surtout les premières années ; tenez pincé, et vous obtiendrez promptement de très-beaux arbres qui se couvriront de fruits ; donnez une exposition chaude, vous y joindrez la qualité. — La découverte de ce bon fruit remonte à 1759 ; il a été obtenu par M. d'Hardenpont.

PREMIÈRE SÉRIE. — N° 8.

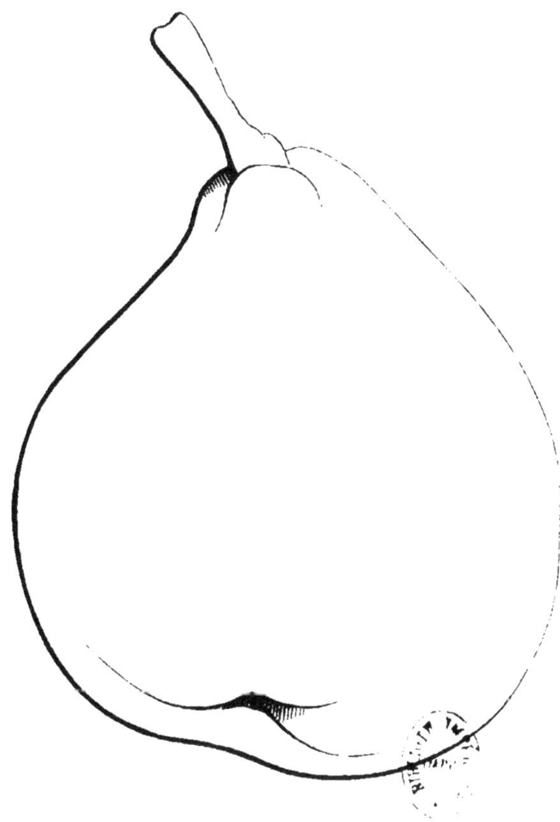

Passe Colmar (décembre, janvier).

SYNONYME : *Passe Colmar gris ou doré.*

Fruit. — Gros ou moyen, allongé, pyriforme; peau vert-clair, parsemée de points bruns et maculée de taches de même couleur; quelquefois coloré du côté frappé par le soleil; passe au jaune d'or à la maturité.

Pédoncule. — Gros, de longueur moyenne, brun éclairé de vert clair et de jaune, surmonté d'excroissances charnues, placé en tête du fruit un peu obliquement.

Calice. — Petit, à divisions noires; placé dans une cavité légère, souvent entouré de côtes assez marquées.

Chair. — Fine, fondante; eau très-sucrée, bien parfumée et vineuse; le Passe-Colmar est, à mon avis, la meilleure poire connue; il est de très-bonne garde, sa maturité commence en novembre et peut se prolonger jusqu'en février. On ne saurait trop multiplier cet excellent fruit.

Arbre. — D'une végétation un peu faible, excessivement fertile; bois brun, un peu rougeâtre sur les jeunes rameaux; feuilles entières, à part sur le jeune bois où elles sont dentées, allongées, petites; pétiole long.

Culture. — Le Passe-Colmar, étant naturellement peu vigoureux et très-fertile, ne se développera jamais beaucoup sur cognassier. On ne le greffera sur ce sujet que pour fuseaux et cordons; pour pyramides et contre-espalier, on préférera le franc; on peut également l'élever à plein-vent. Toutes expositions.

Ce fruit parfait remonte à 1758. Il provient des semis de M. d'Hardenpont.

PREMIÈRE SÉRIE. — N° 9.

Doyenné d'hiver (janvier, avril).

SYNONYMES : *Bergamotte de Pentecôte, Dorothée royale.*

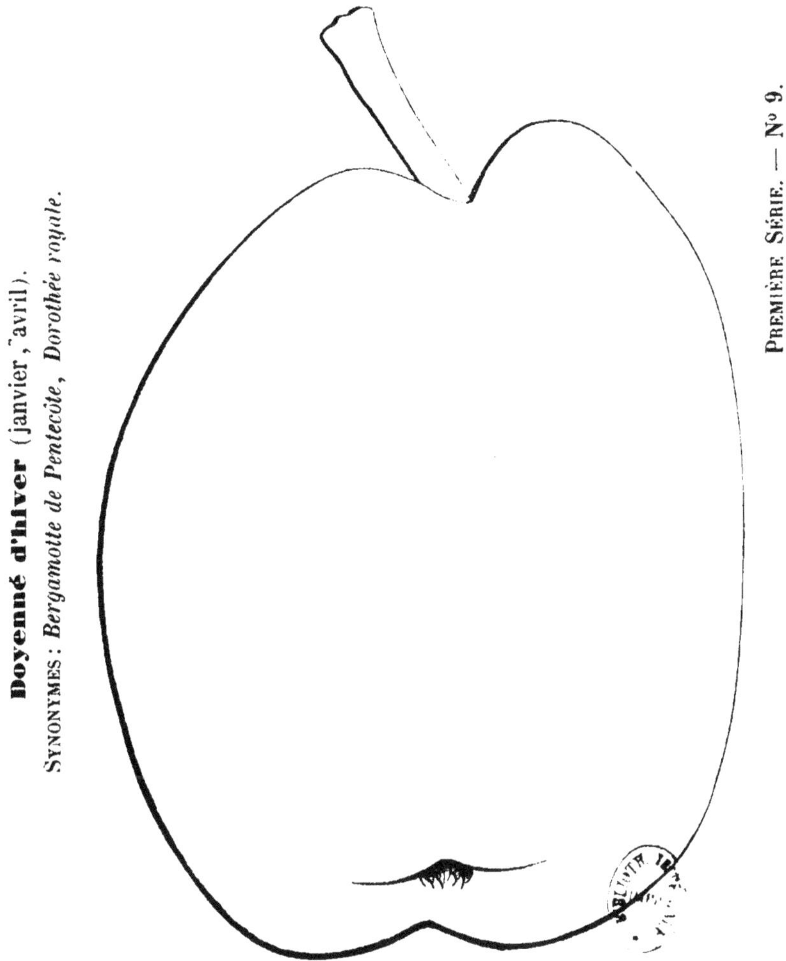

Fruit. — Gros et très-gros, à formes souvent irrégulières; peau vert clair, finement ponctuée de gris, tachée de rouille; s'éclaircit à la maturité et passe au vert jaunâtre souvent avec quelques reflets carmins.

Pédoncule. — Court, gros, ligneux, très-renflé au point d'attache, brun foncé, implanté profondément dans une cavité formée de plusieurs plis ou bosselettes, quelquefois surmonté d'un côté.

Calice. — Grand, large, à divisions longues, verdâtres; placé dans une cavité un peu profonde et irrégulière.

Chair. — Blanche, fine, fondante, même un peu beurrée; eau suffisante et sucrée; un des meilleurs et certainement le plus beau fruit d'hiver jusqu'en mai.

Arbre. — Assez vigoureux, même sur cognassier malgré sa grande fertilité; jeune bois rougeâtre, piqueté de blanc; feuilles assez grandes, finement dentées, surtout vers le sommet, d'un vert foncé.

Culture. — Le Doyenné d'hiver prospère sur cognassier et sur franc et se prête à toutes les formes; je ne le conseille pas néanmoins pour plein-vent, le fruit est trop gros et se détache trop facilement. Il réussit à toutes les expositions.

Un mot maintenant pour tâcher d'arriver à la plus longue garde possible; elle dépend surtout de l'époque de la cueillette des fruits : plus ils seront cueillis de bonne heure à l'automne, plus ils se conserveront tard; mais l'on s'expose à les voir se flétrir sans mûrir, si on les a cueillis trop tôt; plus ils seront au contraire cueillis tardivement, plus vite ils mûriront; mais par compensation, ils seront meilleurs. Il est impossible de fixer pour la cueillette une époque déterminée, elle varie chaque année, suivant la saison; la pratique seule et l'observation peuvent servir de guide. Pour prolonger la jouissance des fruits, il sera toujours avantageux de les cueillir en plusieurs fois, trois par exemple, avec un intervalle de dix à douze jours. Cette observation s'applique à tous les fruits d'hiver; je n'y reviendrai pas.

Van mons pense que cette variété a été obtenue dans le jardin des Jacobins de Louvain (Belgique), où, dit-il, le pied mère existait encore en 1825 sous le nom de *pastorale*.

PREMIÈRE SÉRIE. — N° 10.

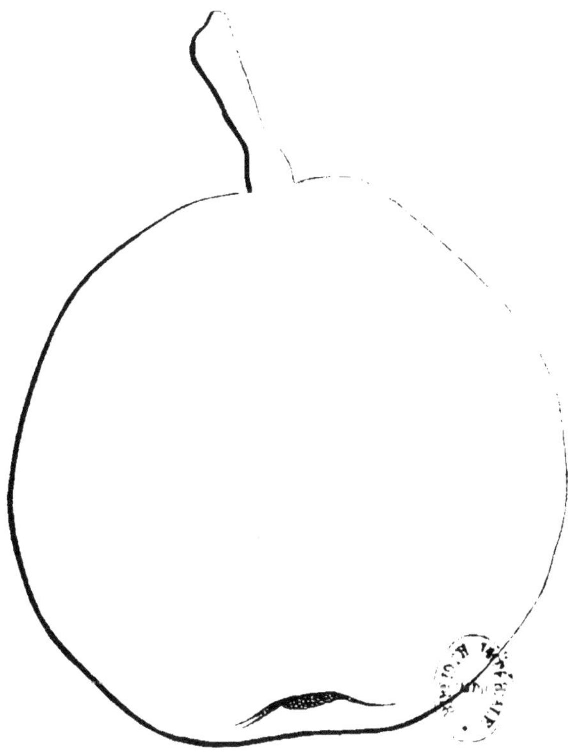

Bergamotte Esperen (hiver jusqu'en mai).

Fruit. — Moyen, de formes régulières, généralement aussi large que haut; peau rude, vert-clair, mouchetée de points fauves avec des taches de même couleur; quelquefois fouettée de rouge du côté du soleil; passe au jaune à la maturité.

Pédoncule. — De longueur moyenne, brun, fort, renflé au sommet et à la base; placé en tête du fruit dans une légère dépression.

Calice. — Moyen, ouvert, à divisions brunes, quelquefois caduques; se trouve dans une cavité assez régulière.

Chair. — Fine, mi-fondante; eau pas très-abondante, mais bien parfumée; le meilleur des fruits d'hiver; de très-longue garde, se conserve jusqu'en mai.

Arbre. — Très-vigoureux et très-fertile; jeune bois vert-rougeâtre; feuilles grandes, longues, étoffées, assez régulièrement dentées.

Culture. — Quoique très-fertile, la variété qui nous occupe est assez vigoureuse pour réussir sur cognassier et donner encore assez de bois; elle se plie à toutes formes; sur franc, il faudra allonger la taille et pincer régulièrement les branches secondaires; sur cognassier, l'arbre se met promptement à fruits.

Origine. — La Bergamotte Esperen a été obtenue en Belgique par le major Esperen.

DEUXIÈME SÉRIE. — N° 1.

Epargne (juillet).

SYNONYMES : *Beau présent*, *Cuisse Madame*, *St-Samson*, *Cueillette*.

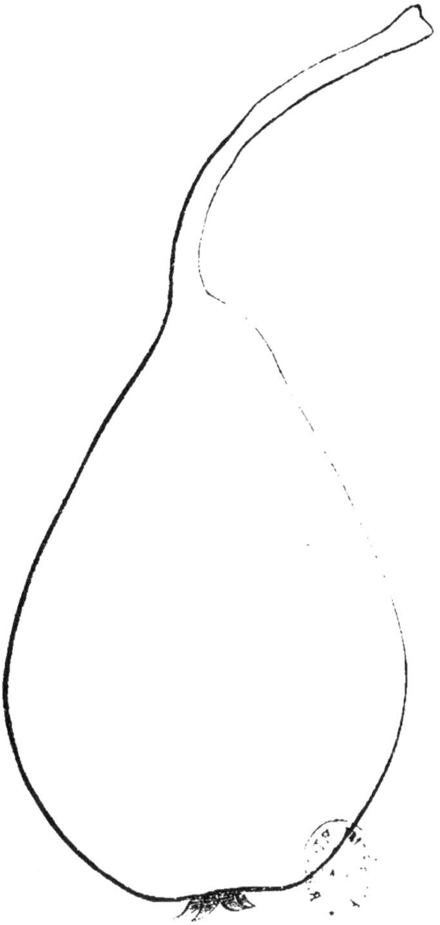

Fruit. — Moyen, très-allongé, souvent irrégulier; peau verte, parsemée de points fauves et de taches de couleur rouille, surtout vers le pédoncule, passant au jaune verdâtre à la maturité.

Pédoncule. — Mince, long, brun et arqué, terminant assez exactement le fruit, mais habituellement surmonté d'un côté.

Calice. — Ouvert, irrégulier, peu enfoncé dans une cavité légèrement mamelonnée.

Chair. — Pas très-fine, assez fondante; eau peu abondante, mais agréablement acidulée; quelques concrétions pierreuses autour du trognon; se conserve assez bien pour un fruit d'été; entre-cueillir pour en jouir tout le mois de juillet.

Arbre. — Très-vigoureux et très-fertile; rameaux gros, lisses, d'un vert foncé, parsemés de points blancs; feuilles larges et étoffées d'un beau vert.

Culture. — Le Beau présent est avant tout un arbre de plein-vent, greffé sur franc et en tête, en place s'il se peut; il formera un arbre des plus productifs et de la plus riche végétation; il se comporte mal au contraire greffé sur cognassier.

Je dirai à ce propos, que les causes qui font rejeter le cognassier comme sujet, sont multiples :

Certaines variétés de poiriers sont naturellement trop faibles pour y prospérer, et la greffe n'y est jamais adhérente; d'autres sont trop fertiles et se couvrent de boutons à fruits sans pouvoir émettre les branches à bois nécessaires à les membrer; quelques-unes, au contraire, s'y refusent parce qu'elles sont trop vigoureuses : la greffe prenant alors plus de développement que le sujet, il se forme au point d'intersection un énorme bourrelet qui finit par amener la mort de l'arbre; d'un autre côté, la sève s'élance avec force dans la flèche et dans les branches supérieures, et malgré tous les soins finit par abandonner les inférieures. Le Beau présent doit être rangé dans cette dernière catégorie.

Origine. — Variété ancienne décrite par Duhamel.

DEUXIÈME SÉRIE. — N° 2.

Beurré Goubault (fin août, septembre).

Fruit. — De grosseur moyenne, forme de doyenné; peau grasse, lisse, vert-clair; passant à la maturité au vert-jaunâtre; parsemée de points roussâtres, parfois quelques taches irrégulières de même couleur, qui rompent seules l'uniformité de la teinte du fruit.

Pédoncule. — Long, mince, un peu plus gros aux deux extrémités; enfoncé assez verticalement dans une cavité assez régulière.

Calice. — Assez grand pour la grosseur du fruit, ouvert, étoilé, à divisions vertes à la base, grises au sommet; placé dans une cavité petite et évasée.

Chair. — Blanche, mi-fine, beurrée; eau suffisante, sucrée et d'un parfum agréable; quelques concrétions pierreuses dans le milieu; comme le beurré Goubault mollit parfois, on devra l'entre-cueillir; sa maturité commence vers le milieu d'août et se prolonge pendant une partie de septembre.

Arbre. — Vigoureux sur franc, très-fertile; bois vert-clair, duveteux sur les jeunes rameaux; œil à fruit bourru et cotonneux; feuilles vert ordinaire, plus rondes qu'allongées, dentées finement seulement dans la partie supérieure.

Culture. — Le beurré Goubault est trop fertile pour pouvoir être greffé sur cognassier, lorsque l'on voudra des formes d'un certain développement; le cognassier ne convient que pour fuseaux et cordons. Au reste, cet arbre est spécialement destiné à être greffé sur franc pour former des plein-vent qui seront d'un grand rapport.

Origine. — Obtenu par M. Goubault, pépiniériste à Angers.

DEUXIÈME SÉRIE. — N° 3.

Bonne d'Ezée (septembre).

Fruit. — Gros, allongé, un peu renflé dans le milieu, obtus aux deux extrémités, ayant un peu la forme d'un tonneau; peau rude, épaisse, vert-clair, parsemée de points gris et de taches gris-fauve, surtout vers le calice; passe au jaune à la maturité et devient grasse et douce au toucher.

Pédoncule.—De longueur moyenne, ligneux, brun-roux, renflé vers le point d'attache, souvent éclairé en jaune à la base; se trouve dans une petite cavité irrégulière, habituellement surmonté d'un côté.

Calice. — Moyen, régulier, à cinq divisions grises, assez fortes, quelquefois caduques; placé dans une cavité peu profonde et assez régulière.

Chair. — Blanche, fine, fondante; eau très-abondante, sucrée, d'un parfum léger mais très-agréable; c'est une des meilleures poires et pas assez répandue. Je l'aurais certainement placée dans la première série, si elle n'était de même saison que le Bon Chrétien Williams. Elle mûrit en septembre et blettit difficilement.

Arbre.— Vigoureux, très-fertile; jeune bois brun-rougeâtre, parsemé de points blancs; feuilles grandes, entières, d'un joli vert.

Culture. — Toutes les formes conviennent à la Bonne d'Ezée; il faut greffer sur cognassier pour les petites, et sur franc pour celles à grand développement; elle forme vite de belles pyramides. Cette variété n'est pas difficile sur le terrain et l'exposition; elle vient généralement bien partout.

Origine. — Cet excellent fruit a été découvert par M. Dupuy-Jamain, pépiniériste à Paris, dans la commune d'Ezée, près Loches (Indre-et-Loire).

Deuxième Série. — N° 4.

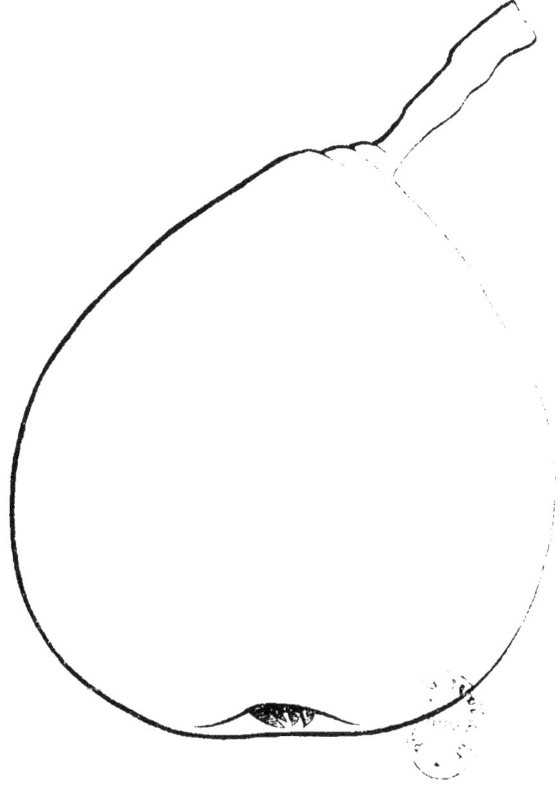

Seigneur (septembre, octobre).

Synonymes : *Bergamotte fiévée, Bergamotte lucrative, Fondante d'automne.*

Fruit. — Moyen, un peu aplati, aussi large que haut, forme de Bergamotte, peau verdâtre, marbrée de roux-fauve, surtout vers le calice; jaunissant beaucoup à la maturité.

Pédoncule. — Gros, assez court, noueux et charnu, brun éclairé de tons vert-jaunâtres, arqué, placé à fleur de fruit et surmonté d'un côté; quelquefois, mais rarement, dans une cavité légère.

Calice. — Ouvert, irrégulier, à divisions vert-jaunâtres, légèrement cotonneuses; placé dans une petite cavité assez régulière.

Chair. — Blanche-jaunâtre, fine, fondante; eau abondante, très-sucrée et délicieusement parfumée; maturité septembre, octobre.

Arbre. — De vigueur moyenne, très-fertile; jeune bois brun-clair un peu rougeâtre; feuilles assez étroites, longues, d'un vert ordinaire, très-finement et très-régulièrement dentées.

Culture. — Reste faible sur cognassier; il faut n'employer ce sujet que pour les petites formes, et adopter le franc pour toutes les autres. C'est surtout à plein-vent que cet arbre doit être cultivé; il vient partout et à toutes les expositions.

Origine. — Ce bon fruit a été obtenu il y a 25 ou 30 ans par le major Esperen.

DEUXIÈME SÉRIE. — N° 5.

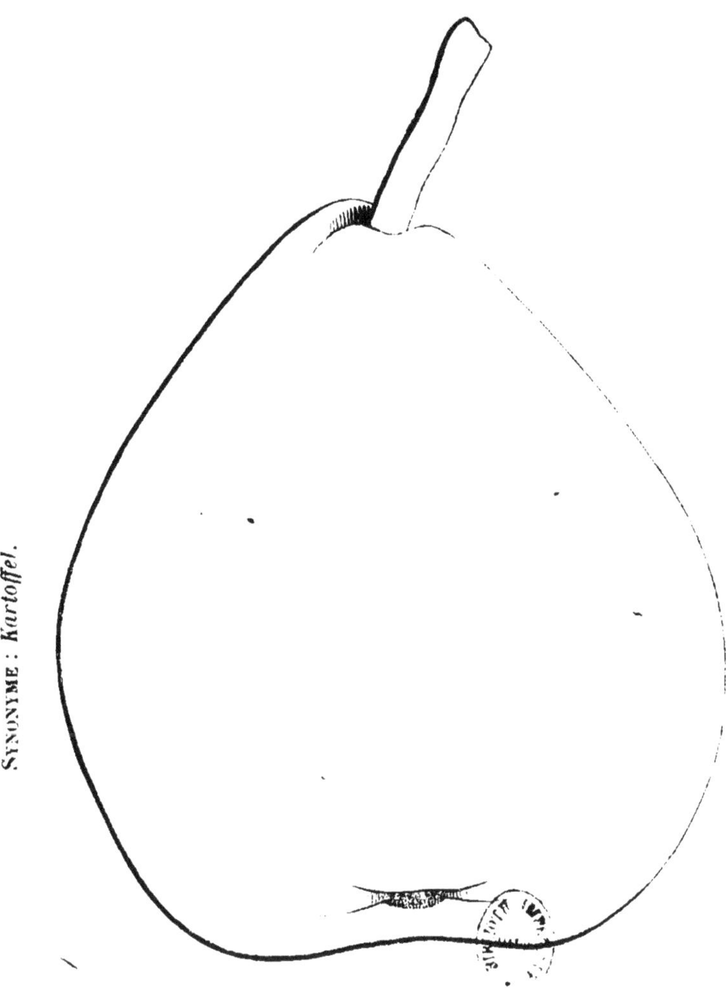

SYNONYME : *Kartoffel.*

Colmar d'Aremberg (octobre, novembre).

Fruit. — Gros et très-gros, ventru, atténué du côté du pédoncule, souvent marqué de côtes assez saillantes et anguleuses ; peau fine, grasse, lisse, vert-jaunâtre ; pointillée de brun, fortement chargée de taches brunes qui s'éclaircissent en roux-fauve à la maturité, pendant que le reste du fruit devient d'un beau jaune.

Pédoncule. — Moyen en grosseur, pas très-long, droit mais planté un peu de côté, dans une petite cavité formée de plusieurs bosses inégales qui le surmontent d'un côté.

Calice. — Petit, ouvert, à divisions minces, quelquefois caduc ; se trouve dans une cavité assez profonde, formée d'assez fortes gibbosités.

Chair. — Demi-fine, demi-fondante ; eau abondante, aromatisée, d'une saveur vineuse et relevée, qui se change quelquefois en acidité et âpreté si le fruit est venu dans un terrain froid et humide, ou s'il est mangé avant sa complète maturité ; mais dans les terrains calcaires, le Colmar d'Aremberg est excellent : sa maturité a lieu en octobre et novembre : il est de bonne garde.

Arbre. — Peu vigoureux mais excessivement fertile ; bois gros, court, vert-rougeâtre ; feuilles épaisses, étoffées, finement dentées, vert-foncé.

Culture. — Naturellement peu vigoureux et avec cela très-fertile, le Colmar d'Aremberg ne fera jamais un arbre bien développé greffé sur cognassier ; il faut donc réserver ce sujet pour les cordons et fuseaux, et adopter le franc pour toutes les autres formes. J'ai déjà dit qu'il fallait à cette variété un terrain sec et chaud, comme à toutes les très-grosses poires.

Origine. — Ce beau fruit est un gain de Van-Mons, qui lui avait d'abord donné le nom de Kartoffel ; mais celui de Colmar d'Aremberg, qui lui a été donné plus tard par M. Camuset, lui est resté.

Deuxième Série. — N° 6.

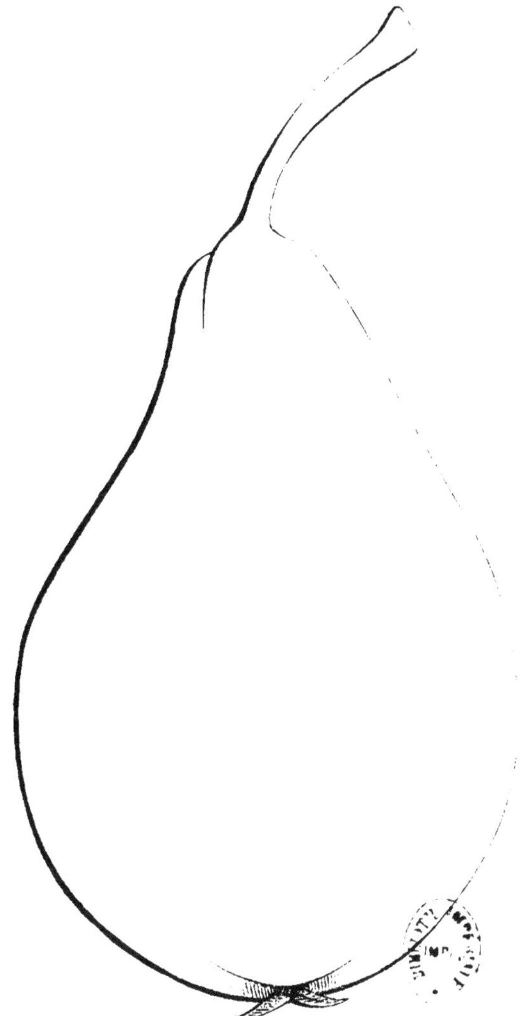

Van Mons de Léon Leclerc (novembre).

Fruit. — Gros, allongé, souvent irrégulier, très-ovoïde, côtelé à sa base ; peau rude, vert-clair, panachée et fortement chargée de rouille et de roux-fauve.

Pédoncule. — Long, fort, brun, arqué ; placé en tête du fruit et souvent surmonté d'un côté.

Calice. — Saillant, large, étoilé, à divisions raides et grises, bien ouvertes et appliquées sur le fruit.

Chair. — Fine, fondante ; eau abondante, sucrée, agréablement parfumée ; maturité octobre, novembre.

Arbre. — Peu vigoureux, très-fertile ; jeune bois brun-grisâtre ; feuilles assez larges, vert ordinaire, très-peu dentées.

Culture. — Ce poirier prospère peu greffé sur cognassier. Depuis plusieurs années il fructifie chez moi, mais le fruit est habituellement geré et crevassé ; je dois ajouter que mes sujets sont tous greffés sur cognassier et plantés en plein air dans un terrain sec et calcaire. Peut-être cet inconvénient ne se reproduira-t-il pas lorsque l'arbre sera greffé sur franc ; s'il reparaissait, il n'y aurait plus d'espoir qu'en l'espalier au levant ou au couchant. Il serait fâcheux d'être obligé d'abandonner cette variété, car c'est une des meilleures qui existent.

Origine. — Ce fruit a été obtenu par Léon Leclerc, de Laval, et date déjà de 24 à 25 ans.

DEUXIÈME SÉRIE. — N° 7.

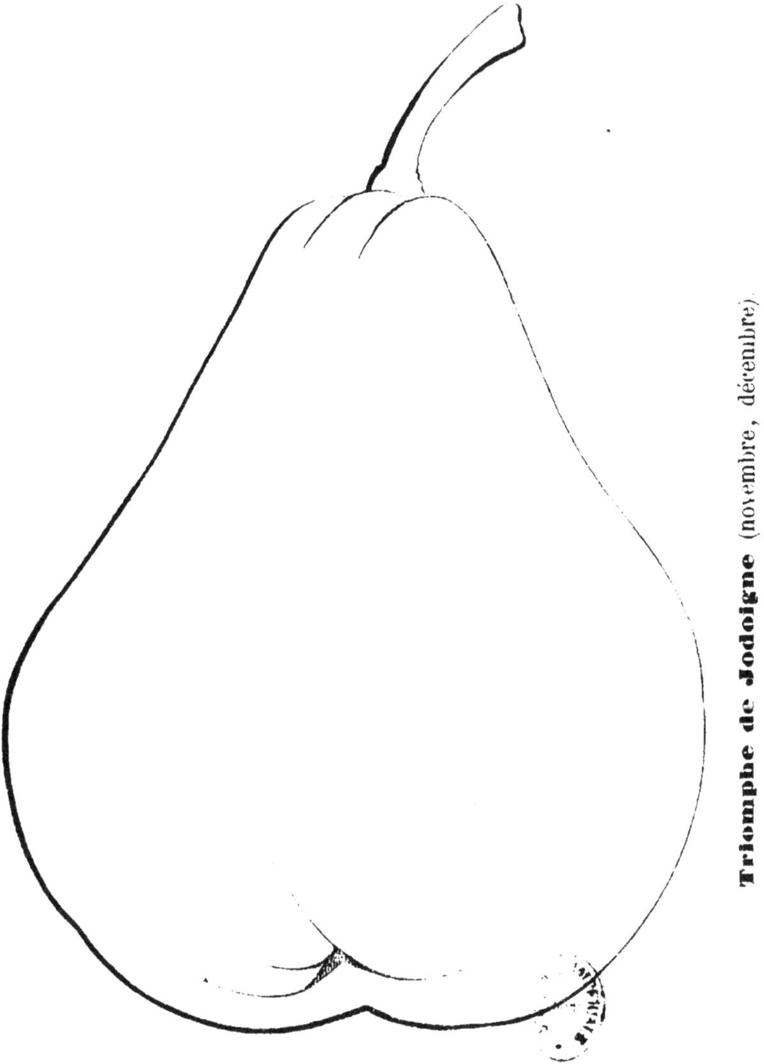

Triomphe de Jodoigne (novembre, décembre).

Fruit. — Gros ou très-gros; peau fine, luisante, vert-clair, maculée de brun surtout vers le pédoncule et le calice; passe au jaune citron à la maturité.

Pédoncule. — Pas très-long, droit, ligneux, brun; placé dans une cavité peu profonde, habituellement surmonté par le développement charnu du fruit.

Calice. — Large, ouvert, placé au milieu de côtes qui forment la base du fruit.

Chair. — Blanche, beurrée, très-fondante; eau abondante d'un parfum agréable; beau et bon fruit dont la maturité a lieu de novembre en décembre; il faut le surveiller au fruitier, parce qu'il n'est pas de très-longue garde.

Arbre. — Vigoureux, fertile; jeune bois gros, brun, tiqueté de points blancs; feuilles larges, épaisses, entières, d'un beau vert.

Culture. — Le triomphe de Jodoigne réussit très-bien sur cognassier; c'est le sujet que l'on doit préférer, si l'on tient à ce qu'il se mette promptement à fruits; si on le greffe sur franc, on devra allonger beaucoup la taille les premières années; il se plie à toutes les formes. Il lui faut, comme à tous les très-gros fruits, une bonne exposition et un sol plutôt sec qu'humide.

Origine. — Le Triomphe de Jodoigne a été obtenu par M. Simon Bouvier.

Deuxième Série. — N° 8.

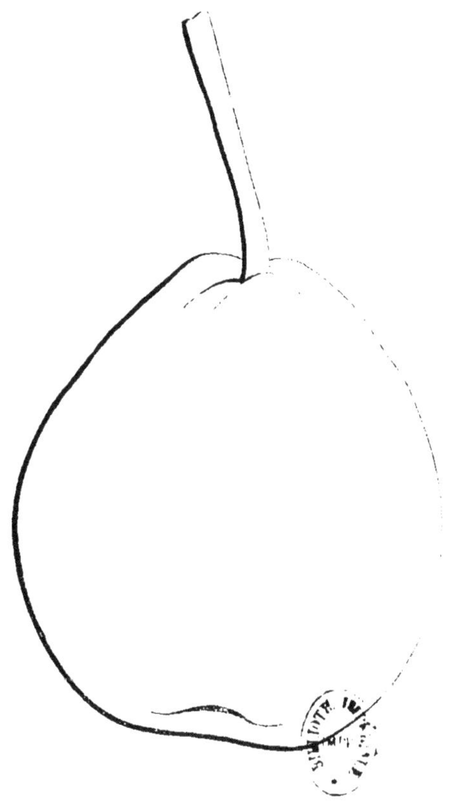

Bonne de Malines (décembre, janvier).

Synonymes : *Colmar Nélis*, *Nélis d'hiver*.

Fruit. — Petit, de formes assez régulières; peau vert-sombre fortement maculée de brun, ombrée de même couleur, surtout vers le calice; s'éclaircit en jaune ombré rouge à la maturité.

Pédoncule. — Long, mince, brun, plus fort au point d'attache, quelquefois avec des macules vert-jaunâtres; se trouve dans une petite cavité.

Calice. — Petit, caduc, ou à divisions irrégulières; dans une cavité régulière et peu évasée.

Chair. — Blanche, très-fine, fondante et beurrée; eau pas très-abondante, mais d'un arome fin et particulier; fruit de bonne garde et un des meilleurs qui existent; maturité novembre et décembre.

Arbre. — De vigueur moyenne, fertile; bois mince, grêle, vert-foncé piqueté de points blancs; feuilles très-étroites, d'un joli vert, entières à part quelques petites dentelures au sommet; pétiole long et mince.

Culture. — Réussit sur cognassier et sur franc et sous toutes formes; mais si l'on veut des arbres vigoureux, il faudra préférer le franc. Le fruit étant petit et bien attaché réussira très-bien à plein-vent.

Origine. — Obtenu par M. Nélis, conseiller à la cour de Malines.

DEUXIÈME SÉRIE. — N° 9.

Doyenné d'Alençon (janvier, février).

SYNONYME : *Doyenné d'hiver nouveau.*

Fruit. — Moyen, habituellement allongé, quelquefois arrondi, fortement renflé au milieu; peau vert-clair, complétement semée de petits points roux, maculée et irrégulièrement marbrée de gris-roux; passe au jaune à la maturité.

Pédoncule. — Très-gros, court, ligneux, plissé, de couleur brune; planté dans une cavité petite et étroite.

Calice. — Ouvert ou clos, à divisions grises un peu cotonneuses; placé dans une cavité très-évasée, peu profonde et assez régulière.

Chair. — Blanc-jaunâtre, fine, fondante; eau très-abondante, sucrée et d'un acidulé agréable. C'est un des bons fruits d'hiver; il mûrit de décembre à février.

Arbre. — Vigoureux, fertile; bois brun-rougeâtre, tiqueté de points blancs; feuilles allongées, finement dentées, d'un vert pâle.

Culture. — Réussit sur cognassier et sur franc; forme de belles pyramides, et se prête au reste à toutes formes.

Origine. — Découvert par M. Thuillier, pépiniériste à Alençon, dans une haie de la ferme de la Ratterie (Orne), en 1810.

DEUXIÈME SÉRIE. — N° 10.

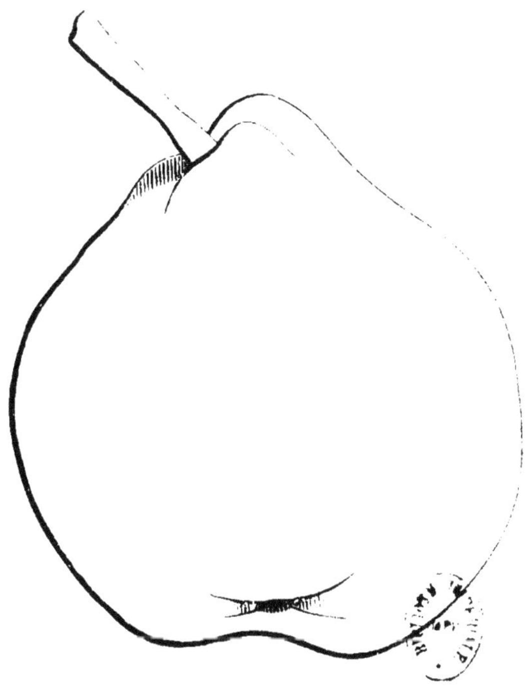

Bergamotte Fortunée (jusqu'en mai).

SYNONYME : *Fortunée.*

Fruit. — Moyen, souvent irrégulier de formes; peau très-rude, vert foncé, presqu'entièrement chargée de rouille et semée de quelques points noirâtres, de sorte que le fruit paraît gris.

Pédoncule. — Assez gros, fort, brun; placé dans une cavité formée de gibbosités.

Calice. — Petit, souvent caduc, quelquefois à divisions petites et d'un brun très-foncé; il est placé dans une cavité profonde formée de bosses assez prononcées.

Chair. — Fine, mi-fondante; eau suffisante parfumée et relevée, mais conservant un peu d'âpreté si le fruit n'est pas parfaitement mûr, ou n'est pas venu dans une bonne exposition; quelquefois un peu pierreux au centre. Ce fruit est précieux par sa longue garde, on peut en jouir jusqu'en mai.

Arbre. — D'une bonne vigueur, fertile; bois brun très-foncé, presque noirâtre; feuilles entières, vert foncé sur la surface supérieure, plus pâle sur la surface inférieure.

Culture. — Le poirier Fortunée peut être greffé sur cognassier et sur franc, mais il reste peu vigoureux sur le premier; les formes qu'il préfère sont l'espalier, le contre-espalier et le plein-vent. Le fruit, pour acquérir toutes ses qualités, demande une exposition abritée et un terrain chaud; on doit le cueillir le plus tardivement qu'il sera possible, et ne le manger qu'à sa parfaite maturité.

Origine. — On croit que la poire Fortunée a été obtenue par M. Parmentier (d'Enghien), il y a une trentaine d'années.

Troisième Série. — N° 1.

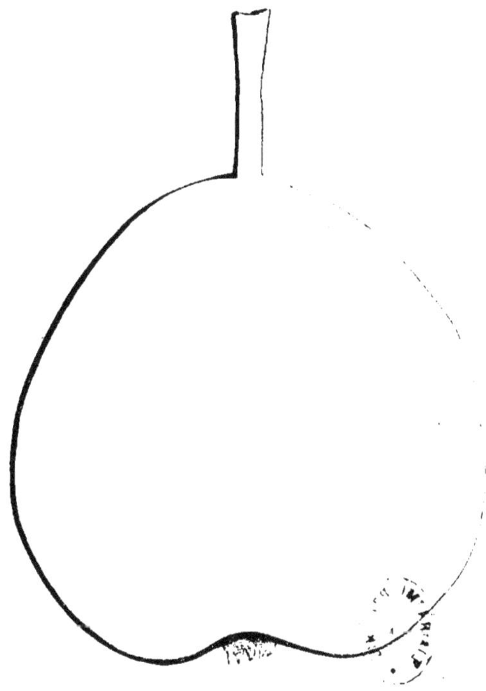

Duchesse de Berry d'été (août).

Fruit. — Petit ou moyen, ayant la forme d'un doyenné, a été quelquefois confondu avec le doyenné d'été, dont il diffère essentiellement; peau lisse, vert très-clair, parsemée de petits points blancs très-fins, se colorant légèrement de vermillon du côté du soleil, ce qui, avec les tons blanchâtres qu'affecte le fruit lors de sa maturité, le fait ressembler à un fruit en cire.

Pédoncule. — Assez court, fort et attachant bien le fruit qui vient par bouquet de trois à quatre.

Calice. — Assez gros, fermé, à divisions brunes, cotonneuses; placé dans une cavité assez régulière.

Chair. — Blanche, un peu cassante en bon temps de maturité, mais pleine d'eau sucrée et bien parfumée. En somme, c'est un bon et joli fruit, très-productif, qui mûrit fin d'août.

Arbre. — Très-vigoureux, fertile; bois assez fort, vert, un peu rougeâtre; feuilles assez grandes, entières, un peu allongées, vert-clair; pétiole pas très-long.

Culture. — La Duchesse de Berry réussit également sur cognassier et sur franc, et peut se plier à toutes formes, mais celles à préférer sont la pyramide et le plein vent: pour la pyramide, il faudra tailler long les premières années, parce que la variété, bien que fertile, est longue à se mettre à fruit, mais ensuite elle charge chaque année. C'est surtout pour plein vent que la Duchesse de Berry sera précieuse, elle formera un arbre vigoureux et fertile, et le fruit résistera bien aux vents.

Origine. — M. Gabriel Bruneau, pépiniériste à Nantes, découvrit cette variété en 1827, dans un semis de pepins fait dans la propriété appelée Barrière-de-fer, commune de Saint-Herblain.

TROISIÈME SÉRIE. — N° 2.

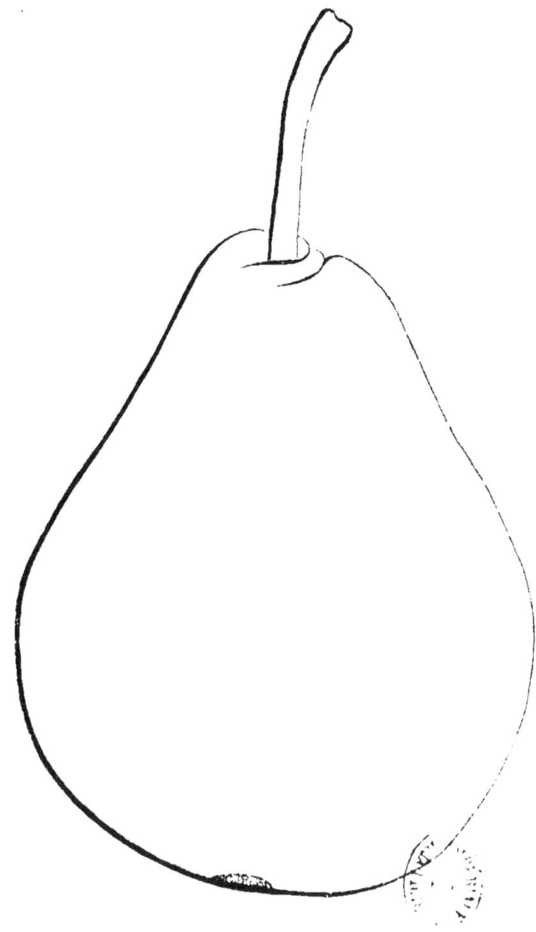

Beurré d'Amanlis (septembre).

SYNONYME : *Wilhelmine.*

Fruit. — Gros, pyriforme, ventru, atténué vers le pédoncule; peau vert-clair, parsemée de points roux, ombrée de rouille, fouettée de rouge du côté du soleil; s'éclaircit beaucoup à la maturité.

Pédoncule. — Assez long, mince, ligneux, vert-clair, ombré de brun; planté droit dans une très-légère cavité.

Calice. — Petit, ouvert, à divisions brunes; placé dans une cavité régulière et peu profonde.

Chair. — Blanc-verdâtre, fondante; eau très-abondante, sucrée, légèrement acidulée et parfumée; la maturité a lieu au commencement de septembre.

Arbre. — Très-vigoureux, très-fertile; bois gros et fort, parsemé de points blancs sur les jeunes jets; feuilles larges, étoffées, finement dentées, vert foncé sur la surface supérieure et vert beaucoup plus clair sur l'inférieure; pétiole de la feuille long.

Culture. — Le Beurré d'Amanlis réussit bien sous toutes formes sur cognassier et sur franc; le bois est divergent et aura souvent besoin d'être maintenu pour former des pyramides régulières. Le fruit est meilleur lorsque l'arbre a été planté dans un terrain léger et chaud.

Origine. — D'après M. Bivort, le Beurré d'Amanlis serait un des gains de Van-Mons, qui lui aurait donné le nom de Wilhelmine; il figurait sous cette dénomination au catalogue du professeur de 1798 à 1823; d'un autre côté, M. Jamin prétend que le pied-mère existe encore à Amanlis, près Rennes.

TROISIÈME SÉRIE. — N° 3.

Frédéric de Wurtemberg (septembre, octobre).

SYNONYME : *Médaille d'or.*

Fruit. — Assez gros, pyriforme, allongé, très-atténué du côté du pédoncule ; peau fine, lisse, d'un joli vert-clair, semée de tiquetures fines ; passe au jaune d'or, lavée de rouge du côté exposé au soleil ; c'est un fort joli fruit.

Pédoncule. — Long, fort, un peu cintré, de couleur rouge-foncé un peu lavé de vert, termine bien le fruit et semble le continuer.

Calice. — Grand, ouvert, à larges divisions d'un brun-verdâtre et un peu charnues, comme dans beaucoup de fruits précoces ; placé dans une cavité peu profonde.

Chair. — Fine, fondante ; eau très-abondante, sucrée et bien parfumée ; mûrit en septembre.

Arbre. — Droit, assez vigoureux, très-fertile ; bois long, fort, élancé, de couleur rougeâtre ; feuilles étroites, allongées, longuement pétiolées.

Culture. — Sur cognassier et sur franc ; toutes formes et toutes expositions.

Origine. — Ce fruit a été obtenu par Van-Mons, qui l'a dédié au roi Frédéric de Wurtemberg.

Troisième Série. — N° 4.

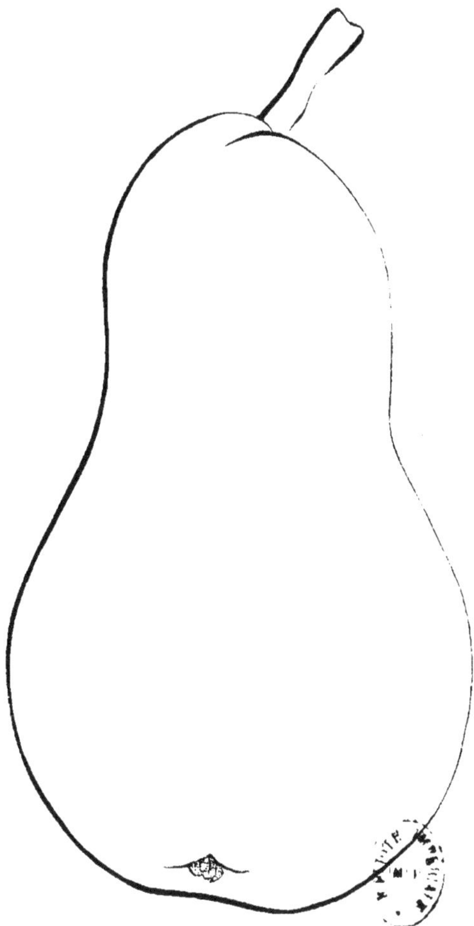

Beurré d'Apremont (octobre).

Synonyme : *Beurré Bosc.*

Fruit. — Gros, allongé en forme de calebasse ; peau verte chargée de taches au point de paraître rousse ; s'éclaire à la maturité de jaune et de tons rougeâtres.

Pédoncule. — Court, mince, un peu renflé à l'extrémité, brun, terminant assez exactement le fruit ; mais surmonté d'un côté, ce qui le fait courber du côté opposé.

Calice. — Petit, à divisions d'un brun-clair, habituellement fermé ; placé dans une très-légère cavité.

Chair. — Très-fine, fondante ; eau abondante et d'un parfum très-agréable. Cette excellente poire mûrit en octobre.

Arbre.—Assez vigoureux, fertile ; jeune bois vert-rougeâtre, tiqueté de blanc ; feuilles grandes, larges, entières, d'un beau vert.

Culture.—Toutes les formes conviennent au Beurré d'Apremont, mais il faudra le greffer sur franc pour toutes celles à développement ; si on le greffe sur cognassier, ce ne sera que pour cordons et fuseaux. Il n'est pas difficile sur l'exposition.

Origine. — Trouvé à Apremont, près Gray (Haute-Saône). D'après le congrès pomologique, l'arbre-mère existe encore dans cette localité ; il est plus que séculaire.

TROISIÈME SÉRIE. — N° 5.

Saint-Michel-Archange (octobre).

Fruit. — Gros ou moyen, pyriforme, ventru, atténué vers le pédoncule, en forme de gourde; peau lisse, d'un joli vert-clair, ponctuée de points gris et tachée de rouille, plus vers le pédoncule et le calice.

Pédoncule. — Fort, ligneux, arqué, assez long, renflé aux deux extrémités, vert fortement ombré de brun; placé en tête du fruit et le terminant assez exactement; quelques portions charnues empiètent sur sa base.

Calice. — Petit, à divisions fortes, irrégulières, brun-foncé; placé dans un très-léger abaissement peu évasé.

Chair. — Blanchâtre, fine, beurrée et fondante; eau très-abondante, parfaitement sucrée et parfumée; maturité septembre et octobre.

Arbre. — Assez vigoureux, fertile; bois brun-rougeâtre dans les jeunes jets; feuilles moyennes, finement dentées, vert foncé.

Culture. — Sur cognassier pour cordons et fuseaux, même pour pyramide; mieux cependant sur franc pour les grandes formes. Les fruits du St-Michel-Archange sont quelquefois tachés et pierreux, quand le terrain ne lui convient pas; il réussit très-bien en espalier. En tous cas il lui faut un terrain léger, surtout lorsqu'il est greffé sur franc.

Origine. — Inconnue; fruit déjà ancien.

TROISIÈME SÉRIE. — N° 6.

Délices de Louvenjoul (octobre, novembre).

SYNONYME : *Jules Bivort.*

Fruit. — Assez gros, ovale, obtus; peau lisse, verte, parsemée de points gris et assez chargée de taches de rouille; se colorant légèrement au soleil et jaunissant fortement à la maturité.

Pédoncule. — Moyen en longueur, plutôt mince que gros, renflé au point d'attache, arqué, brun, avec quelques taches de couleur plus claire; placé dans une légère cavité formée de petits mamelons, qui élargissent le fruit au sommet.

Calice. — Ouvert, irrégulier, à divisions raides, rousses, assez courtes; placé dans une cavité peu profonde, souvent irrégulière.

Chair. — Blanche-jaunâtre, fine, fondante; eau abondante, sucrée, vineuse, et bien parfumée; maturité octobre, novembre.

Arbre. — De vigueur moyenne, très-fertile; jeune bois vert-rougeâtre; feuilles d'un beau vert, allongées, atténuées aux deux extrémités, surtout vers le pétiole, d'un aspect particulier, très-régulièrement et assez profondément dentées.

Culture. — Cet arbre, peu vigoureux sur cognassier, forme, sur franc, de très-belles pyramides; au reste, il se ploie à toutes formes et n'est pas difficile sur le terrain et l'exposition.

Origine. — Obtenu par M. Bivort; premier rapport en 1847.

TROISIÈME SÉRIE. — N° 7.

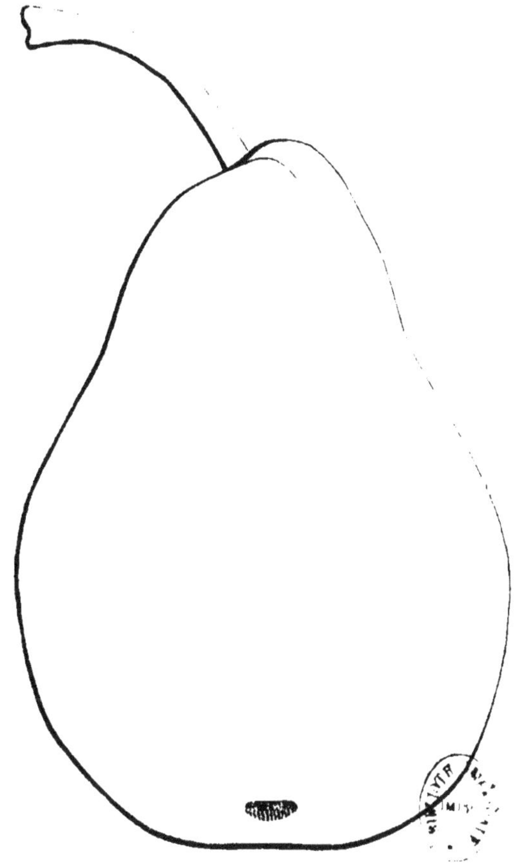

Epine du Mas (octobre, novembre).

SYNONYMES : *Colmar du Lot*, *Duc de Bordeaux*.

Fruit. — Moyen, pyriforme ; peau lisse, luisante, de couleur vert-tendre, parsemée de points bruns assez larges, colorée de carmin du côté du soleil ; jaunissant beaucoup à la maturité.

Pédoncule. — Assez fort, long, ligneux, arqué, renflé à l'attache ; quelquefois terminant assez exactement le fruit, d'autrefois accompagné de gibbosités qui forment une légère cavité inégale.

Calice. — Très-souvent caduc, quelquefois ouvert, à divisions verdâtres ; placé dans une cavité assez profonde et très-étroite.

Chair. — Blanche un peu jaunâtre, demi-fine, fondante ; eau très-abondante et très-sucrée ; parfum léger et agréable ; maturité novembre, décembre.

Arbre. — Vigoureux, très-régulièrement fertile ; jeune bois rougeâtre ; feuilles pas très-grandes, allongées, vert-clair, assez profondément dentées.

Culture. — Sur cognassier et sur franc ; toutes formes, mais préférable à plein vent ; vient bien à toutes expositions.

Origine. — Incertaine.

TROISIÈME SÉRIE. — N° 8.

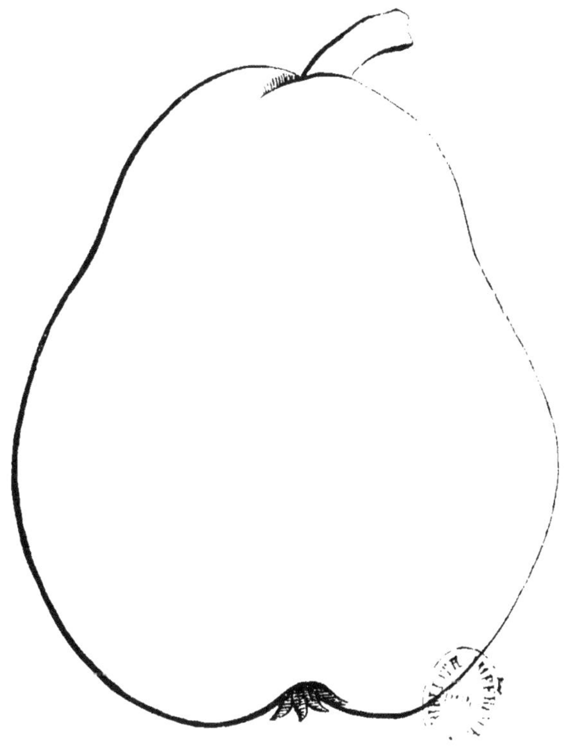

Nec plus Meuris (novembre).

SYNONYME : *Beurré d'Anjou.*

Fruit. — Assez gros, un peu allongé, de formes souvent irrégulières; habituellement renflé dans le milieu et tronqué vers le pédoncule; peau lisse, vert-clair, parsemée de points fauves, avec des taches de même couleur, surtout vers le calice; s'éclaircit en jaune à la maturité.

Pédoncule. — Très-caractéristique, petit, très-court, brun, planté de côté en tête du fruit, dans une légère cavité un peu mamelonnée.

Calice. — Moyen, à divisions grises, quelquefois caduques, placé dans une cavité assez régulière, étroite et peu profonde.

Chair. — Fine, fondante; eau abondante, vineuse, parfum agréable et relevé; maturité novembre, décembre.

Arbre. — Assez vigoureux, fertile; jeune bois brun-clair ou rougeâtre, tacheté de blanc; feuilles larges, vert-pâle, régulièrement dentées.

Culture. — N'offre rien de particulier; il réussit sur cognassier et sur franc et se prête à toutes formes.

Origine. — Obtenu par Van-Mons.

TROISIÈME SÉRIE. — N° 9.

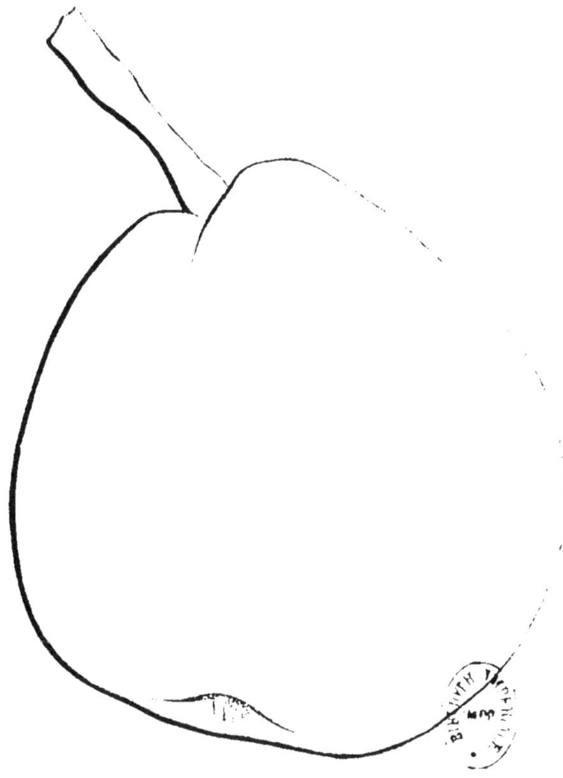

Joséphine de Malines (décembre, janvier).

Fruit. — Moyen, aussi large que haut; peau lisse, épaisse, verte, couverte de points et de taches de rouille, surtout vers le pédoncule et le calice; s'éclaircit à la maturité et devient jaunâtre.

Pédoncule. — Gros, de moyenne longueur, arqué de côté, placé presque en tête du fruit dans une légère cavité.

Calice. — Petit, à divisions noires, se trouve dans une cavité très-évasée.

Chair. — Fine, fondante, beurrée; eau abondante sucrée et parfumée; bon fruit dont la maturité a lieu en janvier et février, elle est cependant devancée certaines années et elle a lieu alors en décembre, quelquefois même en novembre.

Arbre. — Vigoureux, fertile; bois gros, rouge; feuilles étroites, allongées, vert-clair, très-finement dentées.

Culture. — Sur cognassier et sur franc, toutes formes; superbes pyramides, réussit bien aussi à l'espalier, le fruit y devient plus gros et plus savoureux.

Origine. — Ce fruit a été obtenu par le major Esperen, de Malines.

Troisième Série. — N° 10.

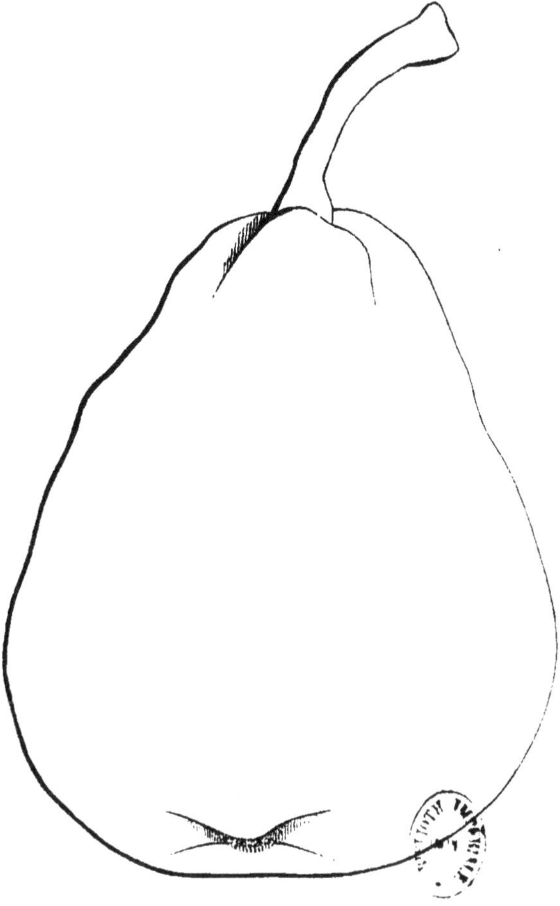

Bon Chrétien de Rans (février, mars).

Synonymes : *Beurré de Rance*, *Beurré Noirchain*.

Fruit. — Assez gros, allongé, bossué ; peau épaisse, vert-clair ou jaunâtre, souvent teintée de rouge du côté du soleil, parsemée de points bruns, surtout vers le calice ; une légère éclaircie annonce la maturité.

Pédoncule. — De longueur moyenne, gros, noueux, brun-roux, très-renflé à la base et au point d'attache, quelquefois même charnu à la base et alors éclairé en jaune ; placé en tête du fruit, habituellement accompagné de gibbosités et de bosselettes.

Calice. — Moyen, à divisions courtes, rousses, se trouve dans une cavité assez profonde, étroite et irrégulière.

Chair. — Mi-fondante, légèrement astringente ; eau sucrée et parfumée ; maturité janvier, mars.

Arbre. — De vigueur moyenne, fertile ; jeune bois brun-clair tiqueté de blanc ; feuilles allongées, vert-foncé, longuement pétiolées, finement et régulièrement dentées.

Culture. — Reste faible sur cognassier, pour cordons et fuseaux seulement sur ce sujet ; pour toutes autres formes sur franc ; bois divergent, assez difficile à former en pyramide ; préfère l'espalier et le contre-espalier. Bonne exposition au levant ou au midi ; cueillir les fruits très-tardivement.

Origine. — Ce fruit a été obtenu au village de Rance-en-Hainaut (Belgique), par l'abbé d'Hardenpont, en 1762.

QUATRIÈME SÉRIE. — N° 1.

Doyenné de juillet (juillet).

SYNONYME : *Roi Jolimont.*

Fruit. — Petit, pas très-allongé, turbiné-obtus; peau lisse, vert-clair, parsemée de petits points bruns, colorée du côté du soleil; passe à la maturité au jaune vif d'un côté et au plus joli rouge de l'autre.

Pédoncule. — De longueur moyenne, assez fort, brun-clair, un peu renflé au point d'attache; termine assez régulièrement le fruit.

Calice. — Petit, ouvert, à cinq divisions grisverdâtres; se trouve dans une cavité peu profonde, assez évasée et régulière.

Chair. — Blanche, demi-fine, assez fondante; eau abondante sucrée et aromatisée; quelquefois un peu acide; mûrit dans la première quinzaine de juillet. Il faut l'entre-cueillir pour en prolonger la jouissance; le fruit, au reste, est meilleur lorsqu'il est cueilli quelques jours avant sa complète maturité.

Arbre. — Assez vigoureux et très-fertile; jeune bois brun-rougeâtre; feuilles allongées, longuement pétiolées, d'un vert-foncé, régulièrement dentées.

Culture. — Le Doyenné de juillet est un arbre spécialement destiné pour haute-tige, et par conséquent doit être greffé sur franc; toutes expositions.

Origine. — Inconnue.

QUATRIÈME SÉRIE. — N° 2.

Jalousie de Fontenay (septembre).

SYNONYME : *Jalousie de Fontenay-Vendée.*

Fruit. — Moyen, pyramidal, atténué vers le pédoncule, de formes assez régulières; peau verte, tachée et marbrée de gris-fauve, surtout vers le calice et le pédoncule; passe au jaune à la maturité.

Pédoncule. — Gros, court, brun, éclairé de vert à la base; placé dans une légère dépression, assez régulière.

Calice. — Gros, ouvert, à divisions larges, brunes; se trouve dans une cavité peu profonde, évasée, régulière.

Chair. — Fine, fondante, pleine d'eau sucrée et aromatisée; maturité en septembre.

Arbre. — Vigoureux et très-fertile; jeune bois vert-clair finement pointillé de blanc; feuilles allongées, d'un joli vert, très-régulièrement dentées.

Culture. — Rien de particulier; se greffe sur cognassier et sur franc et s'adapte à toutes formes.

Origine. — Ce bon fruit a été obtenu à Fontenay-Vendée.

QUATRIÈME SÉRIE. — N° 3.

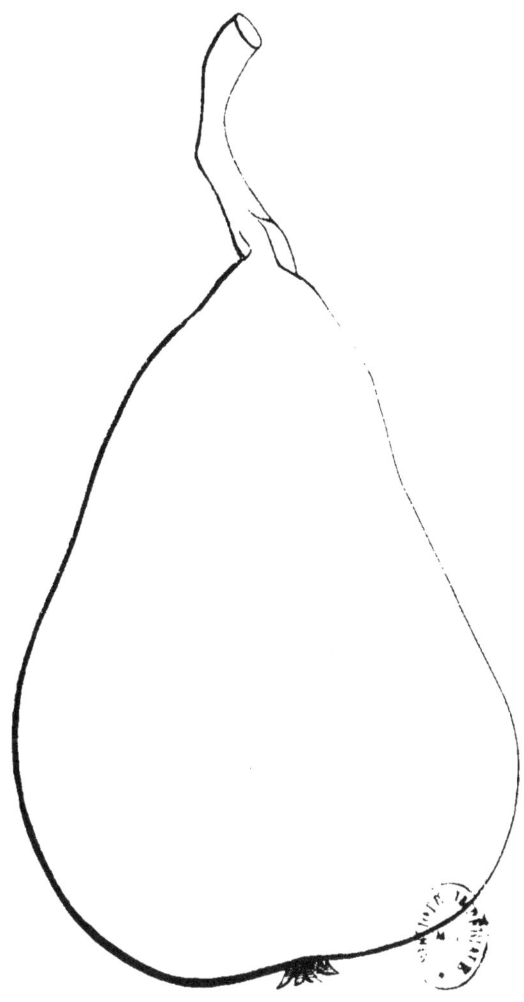

Saint-Nicolas (septembre, octobre).

SYNONYMES : *Beurré Saint-Nicolas*, *Duchesse d'Orléans*.

Fruit. — Moyen, allongé, pyramidal, très-atténué au sommet; à peu près lisse, bosselé seulement légèrement vers le pédoncule; peau vert-jaunâtre, frappée de rouge du côté du soleil, abondamment marbrée et souvent couverte, surtout vers le calice, de taches et de points gris-fauve.

Pédoncule. — De longueur moyenne, gros, terminant exactement le fruit et le continuant, charnu, surtout vers la base, d'un gris-verdâtre obscur.

Calice. — Petit, régulier; placé dans une cavité étroite, peu profonde et ordinairement régulière; à divisions grises, persistantes ou caduques.

Chair. — Fine, fondante; eau abondante, très-sucrée, légèrement acidulée; parfum particulier et agréable; mûrit en septembre et octobre.

Arbre. — De vigueur moyenne, très-fertile; rameaux lisses, vert-grisâtre; feuilles épaisses, arquées, assez grandes et régulièrement dentées.

Culture. — Le St-Nicolas reste faible sur cognassier et y vit peu de temps; on devra donc le greffer sur franc. Il fait de très-belles pyramides et se ploie, au reste, à toutes formes.

Origine. — Obtenu à la ferme St-Nicolas, près d'Angers.

QUATRIÈME SÉRIE. — N° 4.

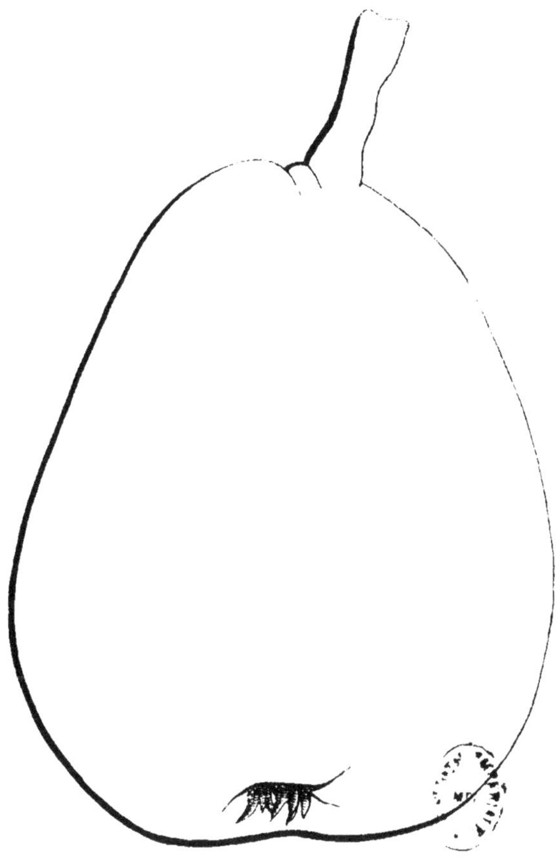

Beurré Hardy (septembre, octobre).

Fruit. — Assez gros ou moyen, pyriforme, généralement bien fait; peau verte, parsemée de points grisâtres et de taches de même couleur, plus particulièrement sur la face qui regarde le soleil, ce qui fait paraître le fruit gris de ce côté; s'éclaircit en jaune à la maturité.

Pédoncule. — Ligneux, court, fort et brun; planté un peu de côté en tête du fruit dans une très-légère cavité, quelquefois un peu surmonté par quelques plis que forme le fruit.

Calice. — Moyen, ouvert, à cinq divisions minces, vertes à la base, grises aux extrémités; placé dans une cavité peu profonde, assez évasée et régulière.

Chair. — Blanche, fine et beurrée; eau assez abondante et agréablement parfumée; mûrit en septembre et octobre.

Arbre. — Très-vigoureux, fertile; jeune bois vert-foncé, fort et légèrement duveteux; feuilles larges, entières, d'un beau vert foncé.

Culture. — Il n'y a rien de particulier pour la culture du Beurré Hardy; il réussit très-bien sur cognassier, se ploie à toutes formes, et comme il a une végétation très-régulière et qu'il porte bien son bois, on fait avec cette variété de très-belles pyramides.

Origine. — Obtenu par M. Bonnet de Boulogne. M. Jamin qui l'a mis dans le commerce l'a dédié à M. Hardy.

Quatrième Série. — N° 5.

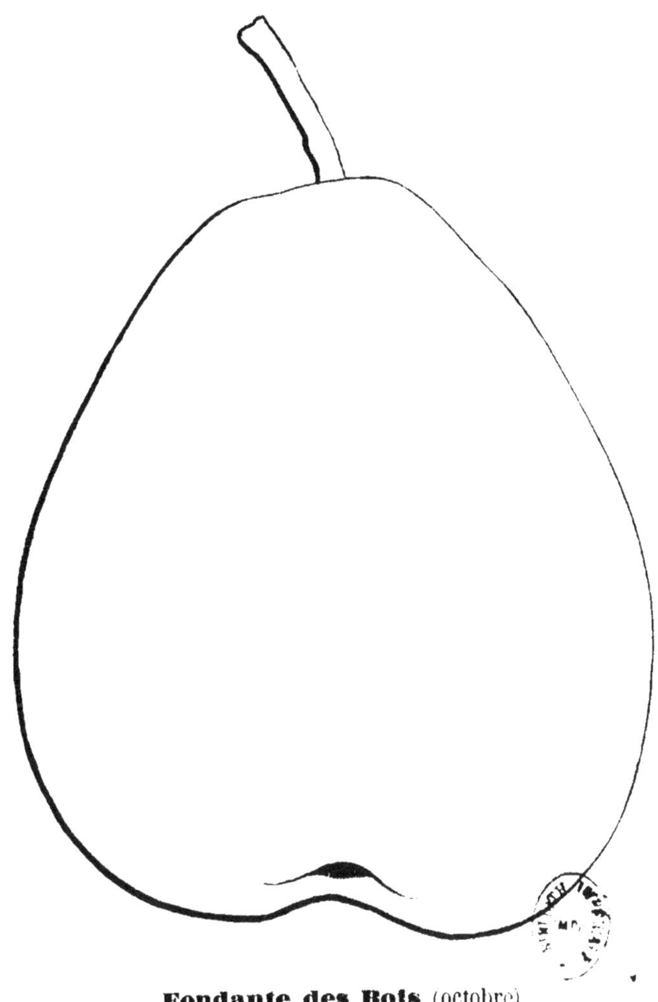

Fondante des Bois (octobre).

Synonymes : *Beurré Davy*, *Beurré Spence*, *Beurré de Bourgogne*, *Beurré St-Amour*, *Belle de Flandre*, *Beurré Foidart*.

Fruit. — Gros ou très-gros, forme très-régulière, ovale, ou plutôt forme pyramidale peu élevée et très-élargie à la base; peau verte, tiquetée et marbrée de fauve, surtout vers le calice, souvent colorée en rouge du côté frappé par le soleil; passe au jaune à la maturité.

Pédoncule. — Assez court, mince, brun-foncé; placé dans une cavité légère, assez régulière, quelquefois surmonté d'un côté.

Calice. — Petit, à divisions vertes et extrémités grises, quelquefois caduques; se trouve dans une cavité très-régulière, peu évasée.

Chair. — Mi-fine, très-fondante; eau abondante, très-sucrée, peu parfumée; maturité octobre.

Arbre. — Vigoureux, fertile; jeune bois rouge-foncé, presque cramoisi; feuilles longues, d'un beau vert, très-finement dentées, longuement pétiolées.

Culture. — La Fondante des Bois réussit sur cognassier et sur franc; elle se plie à toutes formes, mais comme le fruit est naturellement peu parfumé, on devra lui choisir une bonne exposition et tailler long les premières années, parce qu'il se met tardivement à fruit.

Origine. — Ce beau fruit a été obtenu par Van Mons, qui l'a dédié au chimiste Davy. Le nom de *Bosch pear* (poire des bois) donné par Poiteau, paraît être le nom primitif. M. Bivort parle de l'arbre-mère, qui, dit-il, est très-fort.

Quatrième Série. — N° 6.

Bon-Chrétien Napoléon (octobre, novembre).

Synonymes : *Beurré Napoléon*, *Liard*, *Médaille*, *Captif de Ste-Hélène*.

Fruit. — Assez gros ou moyen, pyriforme, obtus, forme de bon chrétien ; peau épaisse, vert-clair, ponctuée de roux ; passant au jaune pâle à la maturité.

Pédoncule. — Gros, fort, roux foncé, éclairé de vert ; implanté dans une cavité fort irrégulière participant de la forme bosselée du fruit.

Calice. — Petit, à divisions noires, irrégulières, placé dans une cavité souvent assez profonde, formé de côtes et de bosselettes.

Chair. — Blanche, fine, fondante ; eau très-abondante et d'un parfum agréable ; la maturité a lieu d'octobre en novembre et le fruit se conserve assez bien.

Arbre. — Pas très-vigoureux, fertile ; jeune bois gros, gris-brun, tiqueté de blanc ; feuilles grandes, larges, dentées, vert-foncé.

Culture. — Le bon chrétien Napoléon reste faible sur cognassier. Il ne faudra le greffer sur ce sujet que pour fuseaux et cordons ; pour toutes autres formes, il faudra préférer le franc ; celles qui lui conviennent le mieux sont l'espalier et le contre-espalier. Cette variété demande un bon terrain et une bonne exposition.

Origine. — Ce fruit a été obtenu par M. Liard, jardinier à Mons (Belgique), vers 1808 ; c'est M. l'abbé Duquesne qui lui a donné le nom de Bon chrétien Napoléon.

QUATRIÈME SÉRIE. — N° 7.

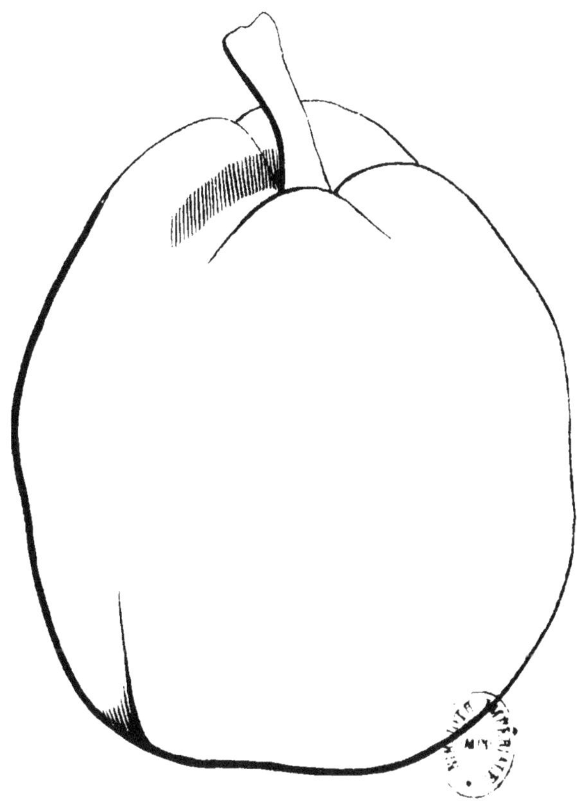

Beurré de Luçon (décembre, janvier).

SYNONYMES : *Beurré gris d'hiver nouveau.*

Fruit. — Assez gros, ovale, irrégulier, ressemblant assez au beurré gris d'automne, mais plus volumineux ; peau vert-jaunâtre, pointillée et tachée de gris et de roux, au point quelquefois d'en être totalement couverte ; souvent lavée de rouge du côté du soleil.

Pédoncule. — Gros, court, brun, attachant bien le fruit et prenant naissance dans une cavité irrégulière formée de côtes.

Calice. — Ouvert, à divisions irrégulières, placé dans une cavité peu profonde et évasée.

Chair. — Fine, mi-fondante ; eau suffisante et parfumée ; souvent quelques concrétions pierreuses dans le centre. Maturité, décembre, janvier.

Arbre. — Peu vigoureux, très-fertile, bois rouge dans les jeunes jets ; feuilles vert-clair, allongées, entières ou finement dentées.

Culture. — Le beurré de Luçon reste faible sur cognassier et y vit peu ; on ne devra l'essayer sur ce sujet que pour fuseaux et cordons ; pour toutes autres formes, on greffera sur franc. Il réussit alors très-bien en pyramide, mais il exige un terrain léger et une bonne exposition pour que ses fruits acquièrent toutes leurs qualités ; aussi fait-il très-bien à l'espalier.

Origine. — On croit ce fruit originaire de Luçon, en Vendée.

QUATRIÈME SÉRIE. — N° 8.

Beurré Millet (décembre, janvier).

Fruit. — Moyen ou petit, turbiné, un peu inconstant dans sa forme, comme tous les fruits très-nouveaux ; peau fine, vert-roussâtre, fortement semée de petits points roux, et quelquefois lavées de quelques taches carminées ; s'éclaircit et jaunit beaucoup à la maturité.

Pédoncule. — Ligneux, verdâtre, mince, assez long, arqué et placé dans une cavité formée de petites bosselettes.

Calice. — Grand, ouvert, à divisions larges, grises, cotonneuses ; placé dans une cavité large et profonde.

Chair. — Blanchâtre, beurrée, fondante ; eau suffisante et d'un parfum très-relevé ; maturité de novembre à janvier.

Arbre. — Assez vigoureux, très-fertile, jeune bois gris ; feuilles larges, rondes, épaisses, à grosses nervures, entières à part au sommet, habituellement repliées en deux et à demi-fermées avec de petits appendices à la base du pétiole qui est court.

Culture. — Se greffe sur cognassier et sur franc et forme de belles pyramides ; dans un pays comme le nôtre, où les coups de vent sont habituellement très-violents et très-fréquents à l'automne et font tomber tous nos fruits d'hiver, le beurré Millet sera précieux comme plein-vent, parce que le fruit est petit et bien attaché ; c'est au reste un excellent fruit.

Origine. — Il a été obtenu à Angers et provient des semis exécutés dans le jardin du comice horticole de cette ville, sous la direction de M. Millet, président.

QUATRIÈME SÉRIE. — N° 9.

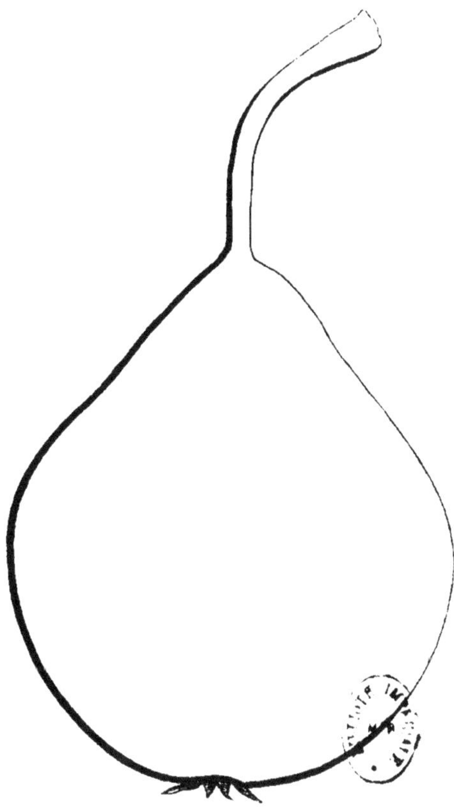

Martin sec (décembre, janvier).

SYNONYME : *Rousselet d'hiver.*

Fruit. — Moyen ou petit, allongé, pyriforme; peau vert-jaunâtre, tiquetée de points blanchâtres et très-chargée de rouge-brun, s'éclaircit un peu à la maturité.

Pédoncule. — Très-long, mince, rouge-brun, avec quelques points blancs; terminant assez exactement le fruit.

Calice. — Moyen, ouvert, à divisions brunes, un peu cotonneuses; à fleur de fruit.

Chair. — Cassante, sucrée, excellente cuite; maturité décembre, janvier.

Arbre. — Vigoureux pour plein vent, fertile; feuilles petites, allongées, dentées.

Culture. — Spécialement sur franc pour haute tige. Le meilleur fruit pour compote.

Origine. — Fruit ancien décrit par Duhamel.

QUATRIÈME SÉRIE. — N° 10.

Catillac (février, mars).

SYNONYMES : *Gros Gilot*, *Gros Monarque*, *Monstrueuse des Landes*, *Chartreuse*.

Fruit. — Gros ou très-gros, arrondi, obtus ; peau verdâtre, pointillée de gris et de fauve ; la partie supérieure teintée d'un joli rouge ; toutes ces couleurs s'éclaircissent à mesure que le fruit avance vers sa maturité.

Pédoncule. — Moyen en grosseur, assez long, brun, planté un peu de côté dans une petite cavité irrégulière, surmonté d'excroissances charnues d'un côté.

Calice. — Gros, ouvert, à larges divisions grises, dans une cavité moyenne, régulière, assez évasée.

Chair. — Cassante ; fruit de première qualité cuit ; se conserve jusqu'en avril et mai.

Arbre. — Très-vigoureux et excessivement fertile ; bois gros, vert ; feuilles grandes, étoffées d'un vert-foncé.

Culture. — Sur cognassier et sur franc ; toutes formes, mais spécialement destiné à former des hautes tiges.

Je recommande ce fruit à cuire, en faveur de la vigueur et de la haute fertilité de l'arbre, de la beauté et de la longue conservation du fruit.

Quelques Poires à cuire et à compote.

Après la publication de cette notice dans le *Sud-Est*, quelques personnes m'ont fait observer que j'avais trop sacrifié les poires à cuire en n'indiquant pour cet usage que deux variétés ; que les fruits cuits et en compote sont, non-seulement du goût de beaucoup de monde, mais qu'ils sont de plus indispensables pour les malades et pour ceux dont l'estomac délicat ne peut pas supporter les fruits à l'état cru. Pour faire droit à cette réclamation, dont je reconnais la justesse, je vais, dans cette édition à part, indiquer les variétés que je regarde comme les meilleures et les plus avantageuses sous ce rapport. J'en donnerai huit qui, réunies aux deux que j'ai déjà indiquées, formeront une dizaine ; je dirai ensuite quelques mots sur les qualités et la culture de chacune d'elles.

Blanquet (gros blanquet, cramoisin en Dauphiné), juillet.
Beurré capiaumont (beurré aurore), septembre, octobre.
Certeau d'automne, octobre, novembre.
Curé (belle de Berry, belle Héloïse, beurré comice de Toulon, belle Andréine), novembre, janvier.
Bon Chrétien d'hiver (poire d'angoisse, poire St-Martin, bon chrétien de Tours), hiver.
Royale d'hiver, hiver.
Belle Angevine (Bolivar, très-grosse de Bruxelles), fin d'hiver.
Sarasin, d'une année à l'autre.

Cette liste, je le sais, paraîtra assez nouvelle, en ce sens que presque tous les fruits qu'elle renferme passent, et à bon droit, pour fruits à couteau. C'est à dessein que je les indique. Tous sont excellents cuits et de première qualité sous ce rapport; à part toutefois la belle Angevine, qui n'est que bonne et que je n'ai admise qu'au point de vue de sa beauté toute exceptionnelle. Je trouve donc que, lorsqu'une variété est excellente cuite, c'est un avantage de pouvoir venir en aide aux fruits crus, en cas de disette ou de lacune dans la maturité des variétés meilleures. Je me suis attaché au reste pour cette liste comme pour les précédentes, à compenser autant que je l'ai pu, les diverses qualités des fruits et à indiquer ceux qui, selon moi, en offrent la plus grande somme ; mettant toujours, cela va de soi, la spécialité de fruits à cuire en première ligne.

Blanquet. — Fruit moyen ou petit, vert clair, passant au jaune vif coloré de rouge à la maturité ; — bon cru et cuit ; — chair cassante, bien sucrée.

L'arbre est très-vigoureux et demande toujours le plein vent ; variété ancienne décrite par Duhamel.

Beurré Capiaumont. — Fruit moyen, allongé, pyriforme ; — chair fine, fondante ondulée ; — très-bon cru : si je ne l'ai pas admis dans les quarante poires, c'est uniquement parce qu'il blettit très-facilement ; — il est excellent cuit et fait des compotes parfaites ; son inconvénient de passer promptement est moins grave sous ce rapport, parce que les fruits à manger cuits n'ont pas besoin d'avoir atteint leur maturité complète.

Peu d'arbres peuvent être comparés au beurré Capiaumont sous le rapport de la fertilité ; — il réussit sur cognassier et sur franc et se prête à toutes formes.

Obtenu par M. Capiaumont, pharmacien à Mons (Belgique), en 1787.

Certeau d'automne. — Fruit moyen, arrondi, spécialement destiné pour compote, mais excellent sous ce rapport.

Arbre très-fertile et vigoureux, destiné au plein vent.

Curé. — Superbe fruit, gros, allongé, très-pyriforme, renflé au milieu, atténué aux deux bouts, surtout vers le pédoncule, vert clair ; — chair blanche, pas très-fine ; — assez bon cru, très-bon cuit.

Arbre vigoureux et très-fertile ; — poussant également bien sur cognassier et sur franc.

Deux versions existent sur l'origine de ce beau fruit : l'une qui l'attribue à un ancien curé de la paroisse de Villars près Vendôme (Loir-et-Cher) ; l'autre qui le fait originaire des environs de Clion où, d'après M. de la Tremblaye, le pied mère existait encore dans un bois en 1823.

Bon Chrétien d'hiver. — Fruit gros, allongé, souvent en forme de calebasse ; — peau rude, épaisse, jaune verdâtre, légèrement teinté de rouge du côté du soleil ; — chair cassante, grenue et sucrée ; — d'une très-longue conservation ; — mûrit en novembre et se garde tout l'hiver; bon cru, excellent cuit.

Il prospère sur cognassier et sur franc, mais il n'acquiert toutes ses qualités qu'en espalier.

C'est bien certainement notre plus ancienne poire ; on croit qu'elle a été apportée en France par St-Martin de Tours ; décrite par Duhamel.

Royale d'hiver. — Fruit assez gros, à peu près aussi large que haut, vert, chargé de nombreuses tâches fauves ; — très-bon cru, lorsqu'il parvient à maturité, ce qui n'arrive pas toujours ; — il faut le cueillir le plus tard possible ; — mais en tous cas, il est très-bon cuit ; — chair fine et fondante ; — la royale est un fruit de premier mérite pour le midi de la France ; — cette variété demande de la chaleur.

L'arbre est vigoureux, fertile, et forme de beaux pleins-vents.

Fruit ancien décrit par Duhamel.

Belle Angevine. — Superbe et énorme fruit pyramidal, très-élargi dans le bas et très-atténué au sommet ; — d'un joli vert tendre, ombré de carmin du côté du soleil ; — c'est la plus grosse poire connue, elle pèse quelquefois 1 kil. 1/2 ; — bonne cuite.

Arbre vigoureux et fertile sur cognassier et sur franc.

On croit cette poire originaire d'Angleterre.

Sarasin. — Fruit assez gros, oblong, renflé dans le bas, atténué vers le pédoncule ; — peau jaune-clair, marbrée et pointillée de gris-fauve, colorée en rouge du côté du soleil ; — chair fine, cassante, juteuse et parfumée ; se mange cru et fait d'excellentes compotes ; mais son plus grand mérite est sa longue garde, on peut en jouir d'une saison à l'autre.

Arbre vigoureux et fertile, très-convenable pour haute-tige à plein vent.

DEUXIÈME PARTIE.

Considérations générales sur la culture du Poirier.

AVANT-PROPOS.

Pour compléter cette notice, j'avais eu d'abord l'intention de passer en revue tout ce qui concerne la culture du poirier; mais j'ai réfléchi que, lorsqu'il s'agit d'enseigner un art qui repose sur des données positives, il faut, de toute nécessité, embrasser tout son sujet et procéder méthodiquement; que si l'on doit toujours chercher à être concis, il n'est néanmoins pas permis en pareille matière de négliger le moindre détail, car tous les principes s'enchaînent; c'était donc tout un traité à entreprendre.

Or, beaucoup d'auteurs ont écrit sur ce sujet, avec un talent et une autorité qui me font défaut; ne pouvant donc faire mieux que ce qui existe, je renverrai mes lecteurs aux nombreux ouvrages qui ont été publiés sur la culture et la taille des arbres fruitiers. Je leur conseillerai tout particulièrement de suivre et d'étudier celui de M. Hardy (1). Quant aux motifs de cette préférence, les voici :

M. Hardy n'a pas écrit seulement pour faire un livre; son traité est concis quoique complet et bien qu'il renferme tous les développements nécessaires; sa méthode est simple et claire, et les figures, mises en regard de la démonstration, parlent aux yeux, pendant que le texte est saisi par l'intelligence la plus ordinaire. En un mot, il fait plus d'application que de science ; plus de pratique que de théorie, ce qui n'est pas à mes yeux un petit mérite. Maintenant qu'il est bien entendu que je n'ai pas la prétention de publier un traité, je vais livrer quelques considérations générales sur la culture du poirier, en insistant surtout sur les points qui sont le plus souvent négligés et mis en oubli par les planteurs et les jardiniers.

DU SOL QUI CONVIENT AU POIRIER.

L'on peut dire en thèse générale que le poirier peut être cultivé dans toute espèce de sol. Il s'agit seulement de choisir le sujet sur lequel il doit être greffé d'après la nature du terrain qu'on lui destine.

Greffé sur cognassier, le poirier exige un sol naturellement fertile et qui conserve toujours une certaine fraîcheur; les sols argilo-calcaires et argilo-siliceux lui conviennent. Il prospère également dans les sables gras ou sablons, mais les fruits y sont généralement moins bons. Greffé sur franc, le poirier s'accommode de terrains plus arides et plus secs; il réussit dans les sols caillouteux et

(1) Un vol in-8°, prix : 5 fr. 50. — Paris, librairie agricole de la Maison rustique, rue Jacob, 26.

éminemment calcaires, pourvu qu'ils aient de la profondeur, car il ne faut pas perdre de vue que le poirier franc est un arbre à racines pivotantes. Enfin, si le sol était peu profond et brûlant, on pourrait encore cultiver le poirier en le greffant sur l'aubépine qui croît dans les plus mauvais sols. La plupart des variétés de poirier réussissent bien sur l'épine blanche; seulement comme le sujet prend habituellement moins de développement que la greffe, il en résulte des étranglements et des bourrelets au point d'intersection. On remédie en partie à cet inconvénient en greffant très-bas et tout à fait sur le collet des racines, de sorte que, lors de la plantation à demeure, la greffe soit légèrement enterrée, de 5 à 6 centimètres, par exemple, ce qui n'a point d'inconvénient dans les terrains brûlants dont il est question. Si toutefois l'arbre tendait à s'affranchir, on déchausserait légèrement et l'on supprimerait les racines qui auraient pris naissance sur franc. J'ai conseillé le poirier sur épine à quelques planteurs qui ne pouvaient conserver aucun arbre greffé sur cognassier et tous ont parfaitement réussi.

Si le terrain que l'on veut consacrer au poirier était humide et glaiseux ; si le sous-sol était imperméable et peu profond, soit par l'effet de l'argile, du tuf ou du poudingue, il deviendrait nécessaire de le drainer ; on creuserait alors dans l'entre-deux de chaque rangée d'arbres, une tranchée dans laquelle on établirait, soit des drains, soit un lit assez épais de pierres si on les a à portée, soit même des fascines, seulement ce dernier mode de drainage est moins durable que les précédents. Les tranchées doivent être d'autant plus profondes, que l'écartement de l'une à l'autre est plus considérable; elle ne doit pas être moindre d'un mètre et peut atteindre 1 mèt. 50 cent. Quelque peu épaisse que soit la couche de terre végétale, il faut bien se garder, dans le défoncement, d'entamer le sous-sol tuffeux ou argileux, on ne ferait qu'établir des réservoirs qui garderaient l'eau et l'humidité et causeraient la pourriture des racines. Les fossés seuls de drainage doivent s'établir dans la couche imperméable et la dépasser même, si celle-ci n'est pas très-épaisse.

DE LA PRÉPARATION DU TERRAIN.

En fait de plantations, toute fausse économie est désastreuse. Il vaut mieux ne pas planter que de planter mal ; il vaut mieux planter moins et bien, que de planter plus et médiocrement.

Une des conditions les plus essentielles du succès d'une plantation est le défoncement et l'ameublissement du sol. Lorsque l'on voudra consacrer tout un terrain à une plantation d'arbres fruitiers, le défoncement général du sol sera toujours préférable au défoncement partiel.

La dépense sera certainement plus considérable, mais le succès de la plantation, la vigueur des arbres et leur plus grand produit fourniront plus tard d'amples dédommagements.

Je vais au reste indiquer un mode de défoncement qui a le double avantage de répartir la dépense sur plusieurs années et de favoriser singulièrement la végétation et l'accroissement des arbres.

Il consiste à ne défoncer d'abord que des bandes partielles de deux mètres de largeur dans toute la longueur que doivent occuper les arbres, de telle sorte que si l'on doit planter, par exemple, des poiriers en pyramide à 4 mètres en tout sens, il reste dans l'intervalle d'une ligne à l'autre un espace de 2 mètres qui n'aura pas été défoncé et qui ne le sera que deux ou trois ans après la plantation, suivant la végétation des sujets. Les racines des jeunes arbres auront alors atteint la limite de la première bande défoncée et trouveront un terrain perméable et ameubli qui leur fournira une nouvelle vigueur.

S'il s'agit d'un verger à créer et que nous supposions les arbres espacés de dix mètres, on défoncera deux ans après la plantation, à droite et à gauche des lignes d'arbres, une nouvelle bande de deux mètres, et, deux ans plus tard, les quatres mètres qui resteront dans le milieu des lignes. Pendant tout ce temps, le terrain aura été régulièrement cultivé ; on pourra, après le dernier défoncement, prendre encore une récolte sarclée et fumée, et semer ensuite la prairie, qui, dans ces conditions, donnera un produit exceptionnel et durable, pendant que les arbres déjà forts résisteront parfaitement à l'effet du gazonnement, qui est désastreux pour eux, lorsqu'il a lieu en même temps que la plantation.

DU CHOIX DES SUJETS.

Beaucoup de planteurs redoutent les sujets d'une trop belle venue et qui proviennent de sols riches et fertiles ; quelques-uns même croient que les pépinières doivent être établies dans un sol médiocre et s'attachent à transplanter des arbres tirés d'un sol moins bon que celui où ils doivent être établis à demeure. C'est une erreur complète ; les canaux séveux de l'arbre se forment en raison directe de la substance qu'ils peuvent tirer du sol dans les premières années de leur formation.

Si le sol est maigre et médiocre, les canaux séveux seront étroits et obstrués, et resteront tels toute la vie de l'arbre.

Si, au contraire, le sol est riche et fertile, les canaux séveux ainsi que les pores de l'arbre seront larges et bien ouverts ; ils absorberont toujours plus de matières nutritives du sol et plus de gaz de l'atmosphère.

Certainement un arbre tiré d'un sol très-riche et planté dans un mauvais terrain, ne prospérera jamais que médiocrement ; mais un arbre malingre et tiré d'un sol médiocre y prospérera encore moins.

Autant vaudrait dire que pour former des animaux vigoureux à l'état adulte, il faut les mal nourrir dans leur jeune âge, c'est le contraire qui est vrai.

DE LA PLANTATION.

Je ne veux pas entrer ici dans tout le détail de la plantation, je renvoie à M. Hardy pour cet article, comme pour les autres ; mais je me propose d'insister sur la malheureuse habitude qu'ont nos jardiniers de planter leurs arbres à une trop grande profondeur. Je pose en fait : que sur cent arbres, quatre-vingt-dix sont plantés trop profond ; très-souvent l'insuccès d'une plantation ne tient pas à une autre cause. L'air et les gaz atmosphériques sont nécessaires à la bonne végétation de tout arbre ; c'est pour cela que les labours aux pieds des arbres sont tellement recommandés et si utiles ; mais si vous avez planté à une telle profondeur, que malgré vos binages, l'air ne puisse pénétrer aux racines, votre arbre dépérira, à moins toutefois qu'il ne parvienne à émettre des racines à fleur de sol, mais c'est toujours une perte de temps. Si nous observons un arbre venu de semence et qui n'a pas été déplanté, nous verrons toujours que le collet des racines est à fleur de terre.

C'est une indication que nous donne la nature et que nous devons suivre, si nous voulons voir réussir nos plantations.

QUELQUES RÉFLEXIONS SUR LA TAILLE DU POIRIER.

Le poirier sur franc et à plein vent ne demande à être taillé, ou plutôt dirigé, que pendant les premières années qui suivent la plantation. L'essentiel est de lui former une tête bien arrondie sur trois ou quatre branches principales, de faire en sorte que la sève se répartisse avec assez d'égalité dans ces branches de charpente pour qu'elles se maintiennent toujours à peu près de même force, d'évider parfaitement l'intérieur. Une fois ces trois points obtenus, l'arbre n'a plus besoin de direction, il suffit de le tenir émondé, d'enlever le bois mort et les branches gourmandes, qui, par la suite, pourraient faire confusion. Aussi l'arbre plein-vent n'est-il pas, à proprement parler, considéré comme soumis à la taille, tandis qu'elle est régulière et rigoureuse pour toutes les autres formes. Je n'ai pas l'intention de parler de toutes celles auxquelles on peut assujettir le poirier, je dirai seulement que celle que je préfère est la palmette simple, soit au mur pour espalier, soit en plein air pour contre-espalier ; la palmette est la forme qui permet de donner le plus d'air et de soleil aux fruits et qui par contre procure les plus beaux et les plus savoureux. C'est en même temps une forme facile à diriger et flatteuse à l'œil. Je ferai à ce propos observer qu'un des défauts les plus habituels dans la taille du poirier, quelle que soit d'ailleurs la forme adoptée, est de laisser trop de bois et d'intercepter ainsi l'air et la lumière, si nécessaires à la perfection des fruits. Peu de jardiniers ont le courage de faire tous les retranchements nécessaires : c'est surtout dans la pyramide que ce défaut se rencontre le plus habituellement. Il ne faut jamais perdre de vue que chaque branche latérale doit être simple et qu'elles doivent être distancées de 18 à 25 cent. les unes des autres. Elles doivent être parfaitement garnies de productions fruitières dans toute leur longueur ; mais ces productions fruitières doivent être tenues le plus court possible et le plus contre bois que faire se pourra.

Lorsque je parle de trop de bois, j'entends surtout une trop grande quantité de branches latérales ou de charpente. En un mot, quelle que soit la forme adoptée, il faut que l'air et la lumière puissent circuler librement dans l'intérieur de l'arbre.

En fait de taille proprement dite, il n'y a pas de principes absolus. Ce serait une grave erreur de vouloir soumettre tous les arbres et toutes les variétés de poiriers à une taille uniforme ; elle doit varier et se modifier suivant l'âge et la vigueur des arbres, suivant leur degré de fertilité, suivant le sujet sur lequel ils sont greffés. Chaque variété comporte, pour ainsi dire, des modifications qui lui sont propres : les unes veulent être taillées plus court, les autres plus long ; celles-ci exigent un pincement rigoureux et souvent répété, sur celle-là au contraire, il doit être très-modéré et n'avoir lieu qu'au printemps. Il est des espèces dont tous les yeux se développent, il en est d'autres dont les yeux inférieurs s'annulent ou qui en sont dénudés jusqu'à une certaine distance de leur empatement; telle variété porte son fruit contre bois, telle autre ne fructifie qu'à l'extrémité des dards ou des brindilles. C'est au jardinier intelligent à étudier ses arbres pour donner à chaque variété la taille la plus appropriée à son mode de végétation.

DU POIRIER EN FUSEAUX, EN CORDONS OBLIQUES ET EN CORDONS HORIZONTAUX.

Ces formes, qui datent de peu d'années, étaient trop nouvelles et trop peu éprouvées, lorsque M. Hardy publia son traité ; aussi n'en parle-t-il pas. Je dois dire aussi que M. Hardy est un peu le classique du genre et que peut-être a-t-il dédaigné ces formes *romantiques*. Toujours est-il que les nouvelles venues ont conquis droit de cité ; qu'elles se sont promptement répandues et qu'elles présentent, dans certains cas, des avantages réels. J'entrerai donc dans quelques détails à leur sujet.

Le fuseau n'a pas de branches de charpente ; il consiste en une seule tige, qu'il s'agit de garnir de productions fruitières de la base au sommet.

Dès le principe, deux méthodes différentes ont été prônées pour atteindre ce résultat : l'une qui consiste à maintenir le fuseau le plus étroit possible et à traiter la tige même de l'arbre, comme l'est un simple membre dans les grandes formes, de telle sorte, qu'elle ne soit garnie que de lambourdes et de dards très-courts et que les boutons à fleurs soient toujours le plus près possible de la tige.

L'autre, au contraire, qui accorde au fuseau un peu plus de largeur, qui admet des rameaux courts, des brindilles et des dards portant les boutons à fruits et ayant de 20 à 25 cent. de longueur.

Dans les deux cas, il faut chaque année, à la taille du printemps, allonger beaucoup la flèche ; généralement on coupe de la moitié aux deux tiers le jet de l'année, mais là s'arrête l'analogie, la taille ensuite est différente.

Pour les fuseaux qu'il s'agit de maintenir très-étroits, il ne faut laisser intacts que les dards très-courts et garnis à leur extrémité d'un bouton à fruits. Les dards trop longs et les brindilles doivent être raccourcis sur l'œil le plus près de la base et les rameaux taillés sur leur empatement même ; lorsque les sous-yeux se développeront, ils doivent être rigoureusement pincés, et dans le courant de l'été on taillera en vert tout ce qui tendrait à dépasser les limites assignées au fuseau. Dans les fuseaux plus larges, au contraire, les dards seront tous laissés intacts, les brindilles taillés moins courtes, et les rameaux, au lieu d'être entièrement retranchés, seront coupés à peu de distance de leur empatement sur un de leurs yeux les plus faibles et de préférence sur des yeux de dessous ; le pincement sera moins rigoureux et lorsqu'on risquera de faire partir à bois des boutons à fruits, on laissera l'œil de prolongement se développer, sauf à le pincer plus tard, ou à le casser à demi dans le courant du mois d'août pour que le rameau ne prenne pas trop de force et pour favoriser la formation des boutons à fruits.

Voyons maintenant les avantages et les inconvénients des deux méthodes :

Il est évident que le fuseau étroit est d'une formation plus facile et qu'une fois que l'on aura réduit en lambourdes et en bourses tous les yeux qui primitivement étaient destinés à former des rameaux latéraux, la direction sera des plus simples. Il est également vrai que l'arbre, continuellement fatigué et privé de presque tous ses organes respiratoires, acquerra moins de développement et tendra moins à prendre une élévation exagérée, ce qui est un des inconvénients de la forme en fuseau ; mais il est incontestable aussi que des arbres ainsi torturés ne seront pas de longue durée et que leur existence sera abrégée d'autant.

Le fuseau plus large sera plus difficile à diriger, par ce seul fait, que les rameaux latéraux tendront souvent à s'emporter; il faudra, les premières années surtout, une surveillance continuelle pour parer à cet inconvénient ; d'un autre côté, il est un fait de physiologie végétale certain, à savoir : que tout arbre aspire par ses feuilles comme par ses racines, d'où il est facile de conclure que le fuseau un peu large prendra plus de développement et s'élèvera davantage que celui qui sera maintenu très-étroit. Un de nos plus habiles confrères prétend qu'avec de telles formes il faudra se munir d'abord de l'échelle de Jacob et d'un jardinier acrobate. Malgré cette spirituelle critique, j'avoue ma préférence pour les fuseaux de 20 à 25 cent. de largeur de chaque côté, ce qui fait une largeur totale de 40 à 50 cent. Voyons d'abord les avantages de ce mode; nous tâcherons après de parer à ces inconvénients. Comme je l'ai déjà dit, l'arbre, moins mutilé, sera plus vigoureux par cela même que vous lui laissez plus d'organes, et par contre il sera d'une plus longue durée. Il donnera aussi une bien plus grande quantité de fruits, puisqu'il offrira plus de développement et qu'il sera garni de la base au sommet de brindilles et de légers rameaux munis de boutons à fruits ; ceci est mathématique.

Quel moyen, maintenant, employer pour éviter une élévation exagérée?

Mon habile confrère nous l'indique lui-même, je transcris : « Si l'on conduit toute une ligne d'arbres sous cette *forme élémentaire*, on peut, dès que la tige s'est élevée d'un mètre et cinquante centimètres, la faire se bifurquer, et courber plus tard en sens opposé chacune des deux branches ainsi obtenues, vers la tige voisine également bifurquée. On forme de cette manière, sur toute la ligne, des *portiques* dont le sommet ne dépasse pas deux mètres de hauteur. Cette disposition est élégante; elle permet la libre circulation du jardinier et laisse à la portée de sa main toutes les parties de l'arbre. »

Je sais que dans l'esprit de l'auteur ces indications sont données pour les fuseaux étroits ; mais elles peuvent parfaitement s'appliquer à ceux que l'on maintient un peu plus larges. J'ajouterai que les fuseaux seront plantés à deux mètres de distance dans la ligne ; que lorsque les tiges bifurquées se joindront, on les greffera en approche ; que si l'arbre tend encore à s'emporter, on laissera partir sur le point de jonction une nouvelle tige qui sera arrêtée à 40 centimètres pour la bifurquer de nouveau et former, en sens inverse, un nouveau *portique* qui, cette fois, exigera l'emploi de l'échelle; mais au moins nous n'aurons plus besoin de celle de Jacob.

Il faut maintenant empêcher les branches latérales de prendre trop de développement et de force, et les maintenir dans un état de faiblesse relative qui empêche les yeux dont elles sont garnies de s'emporter à bois, et les forcent à se développer en boutons à fruits; non-seulement pour atteindre ce résultat il n'y a pas de difficultés insurmontables, mais je n'en vois pas même de sérieuses; la seule chose nécessaire est une surveillance très-active, surtout les premières années.

En taillant sur les yeux les plus faibles et de *dessous*, en pinçant régulièrement et d'une manière intelligente, en pratiquant des crans sous l'empatement des rameaux qui tendraient à prendre trop de force; en ravalant de temps à autre sur la taille précédente, on maintiendra parfaitement les rameaux. J'ajoute de plus que par suite du prolongement considérable et annuel de la flèche et par la quantité de fruits dont les arbres se couvrent, les rameaux ne tardent pas, à mesure que l'arbre s'élève, à n'émettre plus ou presque plus de bois.

Au reste, quel que soit le fuseau que l'on adopte, je dirai à ceux qui veulent conduire des poiriers sous cette forme, qu'elle n'est pas difficile à établir, que la taille du printemps n'est rien, mais que nulle autre n'est aussi assujettissante et n'exige pendant tout le cours de l'année autant de surveillance. Il ne faut pas planter de fuseaux si l'on ne peut pas les passer en revue au moins une fois tous les quinze jours, encore ce laps de temps est-il trop considérable, mieux vaudrait tous les huit jours, car il ne faut pas oublier que les pincements ne doivent jamais s'opérer tous à la fois, ils doivent être successifs, sous peine d'apporter tout d'un coup trop de perturbation dans la sève et de faire partir à bois des yeux destinés à produire du fruit.

Tout ce que je viens de dire du fuseau s'applique exactement au cordon oblique, qui n'est qu'un fuseau incliné sur un angle de 40 à 45 degrés et au cordon horizontal, qui n'est qu'un fuseau coudé à une hauteur variable. Le cordon oblique est toujours appliqué à un mur ou à un treillage en contre-espalier ; l'un et l'autre doivent être très-élevés, mais si l'on a un mur à consacrer au poirier, il vaut infiniment mieux, selon moi, adopter la forme en palmette. Lorsque l'on conduit le poirier en cordons, on en superpose habituellement deux ; le premier est établi à 50 centimètres du sol, le second à un mètre. Les arbres sont espacés dans la ligne d'un mètre et cinquante centimètres. Chaque arbre du cordon inférieur a ainsi 3 mètres 50 à parcourir, et chacun de ceux du rang supérieur a quatre mètres. Lorsque les arbres s'atteignent, on les greffe par approche, ou mieux encore, on taille sous un œil et en bec aminci, le jet qui a atteint l'arbre voisin; on fait sur le tronc de celui-ci une incision cruciale, comme pour la greffe en écusson, et l'on y introduit l'extrémité du jet de manière à ce que l'œil terminal soit au centre de l'écorce soulevée et fasse appel à la sève ; on ligature comme pour l'écusson, cette greffe ne manque jamais. On a ainsi d'un bout de la ligne à l'autre un seul cordon continu, soutenu par une masse de pieds.

Les cordons ne doivent jamais être courbés en arceaux, mais parfaitement horizontaux; si le terrain est en pente, il faut avoir soin de diriger le cordon de bas en haut, pour que la sève ait une légère ascension.

DE QUELQUES OPÉRATIONS COMPLÉMENTAIRES DE LA TAILLE DU POIRIER.

La taille en vert ou taille du mois d'août se pratique sur les bourgeons oubliés lors du pincement ou laissés à dessein pour absorber un excès de sève ; elle consiste à supprimer ces bourgeons à trois ou quatre feuilles pour provoquer l'émission de boutons à fruits. J'insisterai seulement, comme je l'ai fait pour le pincement, sur la nécessité de procéder successivement pour ne pas troubler la végétation en en supprimant une trop grande quantité à la fois.

Il ne faut pas oublier non plus que l'on peut encore à la même époque pratiquer la taille en vert sur les lambourdes épuisées, sur les petites branches âgées de plusieurs années et qui se trouvent ridées à leur circonférence; en rapprochant sur les rides, on obtient des yeux nouveaux qui se transforment en boutons.

L'entaille et l'incision, soit au-dessus d'une branche que l'on veut fortifier, ou d'un œil endormi que l'on veut faire développer à bois pour garnir un vide, soit sous l'empatement d'une branche dont on veut diminuer la vigueur, est une pratique que l'on néglige trop souvent. Le succès, cependant, est presque toujours certain, et cette opération n'offre aucune espèce d'inconvénient. Il n'est pas de moyens plus faciles et en même temps plus sûrs pour établir ou rétablir l'équilibre et l'harmonie dans les grandes formes du poirier.

L'usage doit aussi en être très-fréquent dans les formes en cordons et fuseaux: le prolongement considérable que l'on accorde chaque année à la tige de ces arbres occasionne souvent des vides qu'il s'agit de remplir; mais dans ce cas, l'entaille sur un œil ou sous œil devra toujours être très-légère et se réduire le plus souvent à une petite incision, parce que l'on tend, dans ces formes, à n'obtenir que des dards et de faibles brindilles; tandis qu'au contraire elle sera plus profonde lorsqu'elle sera pratiquée sous un rameau qu'il s'agit d'affaiblir: on peut dans ce cas entailler jusqu'à mi-bois.

L'incision annulaire est une pratique très-controversée; elle est, selon moi, trop sévèrement condamnée et trop chaudement recommandée: c'est une de ces opérations héroïques qui peuvent, dans certains cas donnés, avoir d'excellents résultats, mais dont il faut se garder d'abuser. Tout le monde sait qu'elle consiste dans l'enlèvement d'un anneau d'écorce, dont la largeur varie selon le diamètre du sujet ou de la branche sur laquelle on opère; mais qui, dans aucun cas, ne doit dépasser un centimètre. Son effet est d'affaiblir la partie située *en dessus*, au bénéfice de la partie *en dessous*. Les conséquences sont de disposer à fruits la partie affaiblie et de provoquer l'émission de branches à bois dans la partie fortifiée.

L'incision annulaire se pratique ou directement sur la tige, ou sur les branches, au premier printemps ou plus tard; mais je ferai remarquer que plus on opérera sur le bas de la tige, et plus on opérera tard, plus on affaiblira l'arbre. D'après ce qui précède, il est facile de tirer des déductions et d'apprécier dans quels cas l'incision annulaire sera utile. Mais je le répète encore: il ne faut jamais en abuser et ne la pratiquer que sur les arbres les plus vigoureux.

J'en dirai autant de la suppression de quelques racines ou du raccourcissement d'un certain nombre, moyen excellent pour mettre à fruits quelques arbres trop vigoureux et par trop rebelles, mais qui ne sera jamais une pratique usuelle, et restera toujours une opération un peu empirique: mais enfin, aux grands maux les grands remèdes.

Je terminerai ce paragraphe en disant quelques mots d'une opération qui a souvent pour le poirier une application utile: je veux parler de l'incision longitudinale. Il arrive souvent, dans les arbres à plein vent surtout, que l'écorce s'épaissit et se durcit, et qu'en comprimant les canaux de la sève, elle arrête l'accroissement de l'arbre. Il est indispensable d'inciser légèrement l'écorce pour la dilater. On opère sur toute la longueur du tronc en faisant deux ou quatre incisions opposées, suivant le besoin. Il faut pénétrer jusqu'à l'aubier, mais sans l'attaquer. L'incision longitudinale peut se pratiquer pendant tout le cours de la végétation, et ce moyen est excellent pour faire prendre plus d'accroissement aux parties incisées; on peut également inciser les branches qui en auraient besoin.

RESTAURATION, ENTRETIEN ET RENOUVELLEMENT DU POIRIER.

Le poirier sur franc est un arbre de longue durée; mais aussi sa croissance est lente, et il faut attendre longtemps ses produits: lorsque l'on aura donc, soit des poiriers vigoureux et déjà forts, mais greffés d'une variété mauvaise ou médiocre; soit des poiriers devenus improductifs par l'âge, ou ne donnant plus que des fruits petits et pierreux; soit même de vieux arbres languissants, il faudra bien se garder de les arracher; dans le dernier cas seulement, on déchaussera l'arbre pour s'assurer de l'état des racines; si elles sont saines, l'arbre peut être restauré; si, au contraire, elles sont pourries ou attaquées par des champignons, l'arbre est condamné et doit être abattu. Dans tous les autres cas, on recépera au mois de mars ou d'avril sur deux, trois ou quatre membres, suivant le nombre de branches de charpente sur lequel l'arbre a été primitivement membré. Les branches seront coupées à peu de distance du collet, et elles seront greffées en fente si elles ne sont pas très-fortes, ou en couronne si elles le sont trop. On pourra ainsi substituer de bonnes variétés à de mauvaises, et les vieux arbres acquerront une nouvelle vigueur; surtout si l'on joint à l'opération un bon labour et une fumure copieuse. Le tronc des arbres sera râclé avec un outil bien tranchant, et l'on enlèvera avec soin toutes les mousses et les écorces rugueuses du tronc jusqu'à l'écorce vive du dessous; l'arbre sera ensuite enduit avec un lait de chaux. Tous les poiriers, au reste, doivent subir cette dernière opération tous les trois ou quatre ans, c'est-à-dire, dès que la mousse et les lichens ont reparu et que les écorces sont devenues rugueuses. On peut, au lieu du lait de chaux, les enduire avec un mélange liquide de terre glaise et de bouses de vaches, ou simplement avec de la terre glaise délayée. Le lait de chaux a l'inconvénient d'être désagréable à la vue; cependant il détruit mieux les insectes et les larves.

Les greffes posées sur les arbres recépés poussent avec tant de vigueur, qu'elles sont presque toujours cassées ou décollées par le vent, si on n'a pas soin de les armer en attachant fortement au tronc de l'arbre de longs rameaux auxquels on les assujettit. On refait l'année suivante une nouvelle charpente qui ne tarde pas à se mettre à fruit. Il est même à remarquer que les arbres dont on change ainsi la variété sont plus fertiles que ceux qui sont plantés jeunes.

Il est aussi très-facile de changer la variété d'une pyramide : on raccourcit tous les membres latéraux à vingt ou dix centimètres, les plus bas sont laissés plus longs que ceux du sommet, et l'on greffe en fente chaque membre ainsi amputé ; en deux ou trois ans la pyramide est complétement refaite. Il va sans dire que l'on aura aussi placé une greffe sur la flèche.

De la Greffe.

Les pépiniéristes n'emploient guère pour le poirier que la greffe en écusson à œil dormant; c'est certainement la plus prompte et je dirai même la plus avantageuse pour tous les sujets greffés sur cognassier et aussi pour les sujets greffés sur franc que l'on destine à des formes, qui doivent subir une taille continue et annuelle et qui par conséquent doivent être greffés ras le sol ; mais pour les arbres à haute tige, la greffe en fente et en tête sur sujets ayant déjà acquis une certaine force, est bien préférable : elle fournit des arbres plus vigoureux et plus durables et permet d'apprécier d'un coup d'œil la vigueur et la bonne venue du sujet porte-greffe. Pour former des arbres à haute tige, il faut cueillir les greffes sur des sujets sains et greffés eux-mêmes sur franc ; mais cette dernière prescription, qui cependant est essentielle, n'est pas toujours possible, et de plus, est presque toujours négligée par les pépiniéristes. Or, l'inconvénient de greffer provenant de sujets greffés sur cognassier, sera bien moindre lorsque le corps de l'arbre sera sauvageon et que la tête seule sera greffée, que si la tige entière est formée avec un scion qui a déjà été affaibli par une alliance prolongée sous le cognassier.

Dans la création d'un verger, il sera même avantageux de planter des sauvageons vigoureux, d'une bonne croissance, et de ne les greffer que la deuxième ou troisième année après leur mise en place, lorsque la tige aura acquis environ quatre centimètres de diamètre; c'est un moyen assuré d'obtenir des arbres robustes et de longue durée. Non-seulement par ce mode on n'éprouvera pas de perte de temps, mais les arbres ainsi greffés pousseront ensuite avec une telle vigueur, qu'ils ne tarderont pas à dépasser ceux qui auraient été plantés greffés.

Je dois rappeler encore que, si l'on a au printemps ou même dans le courant de l'hiver des greffes que l'on ne pourrait plus avoir à sa disposition au mois d'août, on peut très-bien à cette époque greffer en fente près de terre même sur cognassier; on peut même déplanter les sujets et les greffer à son aise au coin du feu et replanter ensuite. Il faut avoir soin, si l'on opère pendant l'hiver, de bien enduire les plaies de cire à greffer et de ramener un peu de terre en butte autour du pied, de manière à ce que la greffe soit un peu enterrée: on ne laisse sortir que deux yeux; plus tard, lorsque les greffes seront assurées, on déchaussera et l'on en profitera pour enlever les ligatures.

J'ai déjà parlé, à propos des fuseaux et des cordons, de la greffe à employer pour ne former qu'un cordon continu ou une succession d'arceaux; la même greffe peut être employée pour joindre les membres latéraux des palmettes lorsqu'ils s'atteignent: on obtient ainsi le double avantage de garnir parfaitement le mur ou le contre-espalier et d'équilibrer la végétation des arbres.

Il me reste à dire quelques mots à propos de deux greffes nouvelles que j'appellerai greffes de fantaisie, parce que je suis convaincu qu'elles ne deviendront jamais d'une pratique usuelle, bien qu'elles soient fort ingénieuses. L'initiative en est due à M. Luizet, habile praticien d'Ecully près Lyon. La première est la greffe de boutons à fruit: je ne la décrirai pas, parce qu'elle est maintenant bien connue; ce n'est du reste qu'une greffe en écusson. Dans le principe, on a fondé sur cette greffe des espérances qui ne se sont pas réalisées; en effet, après avoir donné du fruit une année ou deux au plus, elle ne tarde pas à s'éteindre. Ce sera toujours dans une taille intelligente et dans l'application à chaque variété, des formes qui lui conviennent le mieux, qu'il faudra chercher la fécondité de ses arbres. Il en est peu, au reste, que l'on ne puisse amener non-seulement à produire, mais même à produire selon la volonté de celui qui sait les diriger.

La deuxième est une greffe en approche destinée à augmenter le volume de quelques fruits. Elle consiste à choisir vers la fin de juin une brindille souple dans le voisinage d'un fruit et à la réunir par la greffe en approche au pédoncule d'un jeune fruit; puis, lorsque le bourgeon est soudé et qu'il a pris un développement suffisant pour altérer la sève en grande quantité vers ce point, à le pincer pour l'empêcher d'absorber trop de sève au détriment du fruit; si le pédoncule de fruit est trop court, on greffe le bourgeon sur le rameau qui porte le fruit en le soudant du côté opposé à celui où ce dernier est attaché et un peu au-dessous du point d'attache ; dans l'un et l'autre cas, le bourgeon ainsi greffé sert de nourrice au fruit en attirant dans son voisinage une grande quantité de sève. Je le répète, cette greffe est très-ingénieuse, mais elle ne s'emploiera jamais que pour obtenir quelques fruits d'une grosseur exceptionnelle.

Vers qui rongent l'intérieur des Pommes et des Poires.

MOYENS A EMPLOYER POUR PRÉVENIR OU DIMINUER LES PERTES QU'ILS OCCASIONNENT.

Le *Sud-Est* a publié sous ce titre, dans son numéro du mois de juin 1856, un article aussi remarquable pour le fond que pour la forme. Cette étude consciencieuse, tout à la fois scientifique et pratique, est due à M. le docteur Ebrard, de Bourg. Je suis tellement convaincu que celui qui suivra les prescriptions de l'auteur verra diminuer sensiblement les ravages que les larves de certains insectes exercent sur nos fruits, que je n'hésite pas à reproduire en entier ce travail, auquel M. Ebrard a joint plusieurs observations nouvelles.

« La chute d'une grande partie des pommes et des poires qui tombent avant leur maturité est occasionnée par des vers qui en rongent l'intérieur. « On accuse souvent les vents du nord, dit Réaumur, de faire tomber les fruits, et on » les accuse parfois avec raison ; mais souvent aussi, ce que l'on met sur le compte, » pour nous servir du langage ordinaire, des *mauvais vents*, devrait être mis sur » celui des insectes. » Il a été dit que l'action de ces insectes était alors utile, parce que les éléments de nutrition, qui auraient été consommés par les fruits tombés, servaient dès lors aux fruits restants et les rendaient plus gros. Cela serait vrai si les vers n'attaquaient les fruits que sur les arbres en étant abondamment chargés, s'ils en respectaient toujours une certaine quantité, s'ils les piquaient avant qu'ils eussent pris un certain volume.

» De plus, les fruits qui viennent à maturité malgré la présence des vers, sont les premiers attaqués par les guêpes, et surtout les premiers à pourrir ; on est obligé, en les mangeant ou en les préparant pour la cuisson, d'en jeter une partie ; ils ont généralement une saveur plus âcre.

» L'indication de moyens propres à prévenir les atteintes de ces vers, ou, du moins, des moyens susceptibles de diminuer leurs ravages, sera donc, je l'espère, bien accueillie par les propriétaires d'arbres fruitiers. Mais je dois, afin que la manière d'agir soit comprise, exposer préalablement l'origine des vers des fruits à pepin, leurs mœurs et leurs habitudes.

» Les vers qui vivent de la chair des pommes et des poires proviennent d'un petit papillon de nuit (*tortrix pomonella*, *carpocapsa vel pyralis pomonana*), d'un charançon pourpre, d'une mouche à scie (*tenthredo testudinea*), et aussi, pour les poires seulement, d'une *tipule*, petite mouche à deux ailes.

» Occupons-nous d'abord du premier insecte ; il est ordinairement de beaucoup plus commun. Ses ailes supérieures sont noires ou d'un brun cendré, comme damassé, avec une tache d'un rouge brun vers leur extrémité postérieure. Il apparaît au mois de mai ou de juin, se posant le soir sur les pommes ou les poires; il place un de ses œufs, lesquels sont au nombre de 30 à 60, entre deux fruits qui se touchent, dans le petit enfoncement où la queue vient s'insérer, plus souvent au milieu du calice ou œil. Cet œuf donne bientôt naissance à une petite chenille à tête brune, ayant six pattes, et dont le corps, d'un blanc sale ou couleur de chair, est semé, sur les premiers anneaux, de quelques taches grises. Elle ronge le fruit, se creuse une galerie jusqu'au pepin, grossit et engraisse à plaisir; puis, lorsque la poire ou la pomme tombe, quelquefois même avant sa chute, elle sort de sa retraite. Gagnant le tronc de l'arbre ou bien l'une des grosses branches, elle se cache sous quelqu'une des parties de l'écorce qui se détachent et se soulèvent à demi, et surtout dans les fentes recouvertes de lichen. « Ensuite, elle y creuse une cavité de forme ovale et la garnit d'une » enveloppe soyeuse. L'hiver passé, elle se transforme en papillon. » — M. DELACOUR.

» La retraite de cet insecte sous les aspérités de l'écorce des arbres explique, à mon avis, pourquoi il attaque presque exclusivement les vieux arbres, ainsi que l'ont remarqué Van Mons et plusieurs arboriculteurs, entre autres mon honorable collègue de la Société d'Emulation, M. Sirand. Les jeunes arbres, en effet, dont la peau étant lisse offre difficilement un asile aux larves de la pyrale des pommes, ne présentent ordinairement que très-peu de fruits véreux. C'est probablement le grand nombre des fruits véreux sur les vieux arbres et leur rareté sur les jeunes arbres, circonstance dont la cause réelle a été mal comprise, qui a donné lieu à cette opinion, en grande partie sinon tout à fait erronée de Van Mons, que les fruits des vers étaient produits, sans préexistence d'œufs ou de germe, par la vétusté des variétés, et que c'est là la raison pour laquelle les variétés nouvelles en étaient exemptes ([1]).

» Quoi qu'il en soit, les mœurs des vers provenant du papillon de la pomme mettent sur la voie des moyens de destruction à employer pour en restreindre le nombre. Puisqu'ils passent l'hiver sous la vieille écorce du tronc et des grosses branches, sous l'expansion des lichens, il convient de les râcler pendant l'hiver. Privés de leur abri, dépouillés de leur enveloppe soyeuse qui tient à l'écorce, les vers périront nécessairement. Cette opération, qui peut être exécutée en un jour sur un très-grand nombre d'arbres, sera d'autant moins coûteuse qu'elle aura lieu à une époque où les travaux du jardinage ne pressent pas. Elle ne nuira point, car elle est déjà employée pour donner aux vieux arbres une nouvelle vigueur, pour faire porter des fruits à ceux qui sont stériles. Elle détruira aussi plusieurs chenilles hybernantes qui se nourrissent des feuilles des poiriers et des pommiers.

» On devra encore, durant la belle saison, ramasser chaque jour les fruits tombés, les donner à manger au bétail, ou bien les jeter dans l'eau après les avoir écrasés. Je crois pouvoir assurer que le papillon des fruits à pepin, de même que l'alucite des blés, vulgairement le *papillon*, a deux générations par an, et que les larves renfermées dans les fruits tombés au printemps produisent en été de nouveaux papillons, et, par suite, de nouveaux vers.

Je recommanderai aussi aux personnes dont le fruitier est proche de leur jar-

---

([1]) Van Mons avait fort bien observé que les vers des fruits à pepins appartenaient principalement à trois espèces différentes; il appelle la larve de la *tortrix pomonella*, *ver du fruit formé*.

din ou de leur verger, d'y visiter, à la fin de l'hiver, les jointures des tablettes et autres appareils en bois qui s'y trouvent, pour y détruire les coques des vers, ou bien d'en tenir les fenêtres fermées jusqu'à la fin d'août, pour empêcher les papillons d'en sortir.

» L'efficacité des mesures que je viens de proposer paraît-elle douteuse, je rappellerai les désastres occasionnés dans les vignobles de la Bourgogne, du Beaujolais et du Mâconnais par un autre petit papillon nocturne, la pyrale des vignes, et les moyens qui y ont mis fin.

» Les chenilles de la pyrale mettent à découvert les grappes de raisin et les font sécher en dévorant les feuilles de la vigne, puis, se logeant entre les aspérités de l'écorce du cep, elles s'y changent en chrysalides et y demeurent, jusqu'à ce que le printemps étant venu, elles deviennent des papillons. La pyrale déterminait, il y a quelques années, pour les habitants de Beaujolais, du Mâconnais et de la Bourgogne, des pertes annuelles évaluées à plusieurs millions de francs. Des milliers de vignerons, dont les vendanges étaient nulles, étaient tombés dans la misère. Bien plus, les propriétaires commençaient à faire arracher leurs vignes, ces vignes où l'on recueille des vins renommés de Nuits, de Juliénas, de Beaune, du Clos-Vougeot, etc. Cependant, durant l'hiver de 1840, un habitant de Romanèche, Benoît Raclet, en cherchant les moyens de détruire les vers de la pyrale, jeta, par accident, un seau d'eau bouillante sur quelques vieux ceps de vigne. Le remède contre les ravages de la pyrale était trouvé. Le germe de cette découverte fut dû au hasard, mais les dons du hasard ne deviennent féconds qu'entre les mains des hommes de génie. Benoît Raclet remarqua, pendant l'été, que les vieux ceps de vigne qu'il avait échaudés sans le vouloir étaient les seuls de son clos qui portassent des raisins. L'année suivante, durant l'hiver, il lava avec de l'eau chaude tous les ceps de sa propriété; ils donnèrent en automne une magnifique récolte, tandis que ceux des autres vignes, au milieu desquels ils étaient placés, étaient nus et dépouillés [1].

» Raclet publia sa méthode, et les pays vignobles du sud et du centre de la France virent bientôt cesser leur misère, laquelle avait été produite, hélas! par un insecte à peine visible.

» Parlons de deux autres insectes rongeurs de pommes et de poires, le charançon pourpre et la mouche à scie.

» Le charançon pourpre a la même forme que celui des blés, le *barberotte*; seulement il est plus allongé (sa longueur est d'une ligne et demie), et de couleur brune-rougeâtre à teinte peu foncée, semblable à celle du dos des hannetons. Au printemps, sa femelle choisit sur les pommes ou les poires récemment nouées une surface bien lisse, perce la peau avec sa trompe, creuse en dedans une petite cellule et y place un œuf oblong et transparent; elle le dépose encore dans une incision faite à l'intérieur de l'œil du fruit. La larve qui en sort est blanche, avec une tête noirâtre, et diffère de celle des papillons, par l'absence des pattes. Elle pénètre dans le fruit et, y trouvant le vivre et le couvert, comme le rat ermite du bon Lafontaine dans son fromage de Hollande, elle y reste paisiblement jusqu'à ce qu'il tombe; elle le quitte alors pour entrer dans la terre, d'où elle sort, à la fin du printemps, sous la forme d'un charançon.

---

[1] Peut-être que ce moyen, appliqué pour prévenir l'oïdium, pourrait donner les mêmes résultats.

» La mouche à scie a la tête et la poitrine noires, le ventre couleur orange pâle chez la femelle, de couleur noire chez le mâle.

« Si, vers le mois de mai, dit M. Delacour (de Beauvais), on surveille avec » attention les pommiers dont les fruits ont été, dans l'année précédente, atta- » qués le plus fréquemment par des vers, on voit souvent de petites mouches à » quatre ailes, voltigeant autour des fleurs, sur lesquelles elles finissent par se » poser. Elles entrent dans la corolle, et là, après avoir recourbé leur abdomen, » elles font manœuvrer avec rapidité une petite scie qu'elles portent à l'extré- » mité du ventre, pour pratiquer une entaille et y déposer un œuf. Le ver qui » en sort a le corps blanc, la tête d'un brun-rougeâtre, et répand, quand on » l'écrase, une odeur agréable semblable à celle des fleurs de la laurelle double. » Le fruit dans lequel le ver s'introduit aussitôt après sa sortie de l'œuf, conti- » nue pendant quelque temps à grossir, et tombe au mois de juin, lorsqu'il a » atteint le volume d'une petite noix. »

» Les naturalistes pensent, comme M. Delacour, que les mouches à scie ne piquent les fruits que lorsqu'ils commencent à nouer, et qu'elles les font tomber de bonne heure. Mes observations me portent à penser qu'elles les attaquent aussi lorsqu'ils ont déjà un certain volume. Ayant mis dans un bocal, avec un peu de terre, au mois de *septembre 1853*, des poires véreuses que je devais à l'obligeance de M. Mas, j'y observai, l'année suivante, au mois de juillet, des mouches à scie [1]. J'ai trouvé aussi à cette époque des fruits ayant été piqués tout récemment.

» La larve de la mouche à scie, comme celle du charançon, reste dans les fruits tant qu'ils sont sur l'arbre, et entre ensuite dans la terre pour y demeurer jusqu'au printemps ou à l'été.

» Il résulte des mœurs des larves du charançon pourpre et de la mouche à scie du pommier, qu'il faudrait, pour diminuer le nombre de ces insectes, ramasser chaque jour les fruits tombés, et, comme je l'ai déjà dit à propos de la larve des papillons, les donner au bétail ou les écraser. Ce soin sera une tâche facile pour les enfants. On doit aussi, lorsqu'on l'a négligé, ou bien lorsque des arbres sont d'ordinaire plus particulièrement atteints des vers, enlever en automne une couche de terre tout autour de ces arbres, à une profondeur de 7 à 10 centim., et la faire passer au feu ou à la fumée, au moyen de l'écobuage.

» J'ajouterai à ces conseils celui, applicable seulement aux arbres nains, d'examiner les tiges fleuries au mois de mai, alors que les fruits commencent à nouer, et d'en ôter les charançons.

» Cette année, un habitant de Pont-d'Ain annonça, dans le *Courrier de l'Ain*, qu'il se chargeait, appelé à cette époque, de préserver presque entièrement des vers les fruits des arbres nains qu'on lui confierait. Je crois avoir deviné sa méthode qu'il a déjà, dit-il, employée avec succès. En 1855, à partir de la floraison des pommiers et des poiriers, la température ne commença à être très-

(1) Je me suis procuré les divers insectes parfaits : papillons, charançons, mouches à scie et tipules, qui donnent naissance aux vers des fruits, en plaçant dans un bocal en verre, avec un peu de terre, des fruits véreux : pommes, poires, châtaignes, noix, noisettes, etc., chaque espèce de fruit dans un vase séparé. J'étendais par-dessus une couche de mousse, et je recouvrais avec un morceau de linge à trame serrée. Je voyais, peu de temps après, les larves de charançons et de mouches à scie entrer et se promener dans la terre, celle des papillons grimper et filer leurs coques au milieu de la mousse, puis, au printemps, les insectes parfaits cherchaient à sortir au dehors du bocal.

chaude que vers le 1er ou le 2 mai ; hé bien, ce dernier jour, en visitant le jardin de M. Chevrier, je remarquai pour la première fois que deux poiriers (duchesse d'Angoulême), dont les fruits avaient été tous véreux en 1854, étaient couverts de charançons pourpres. Les arbres les plus voisins en présentaient quelques-uns, en très-petit nombre; les autres n'en avaient pas. Une partie de ces charançons étaient déjà accouplés, les autres s'accouplèrent les jours suivants; et tandis que, pendant les premiers jours, c'est-à-dire, avant l'accouplement, ils se tenaient principalement sur les jeunes feuilles, on les trouvait ensuite en plus grand nombre vers les fruits. Ils avaient presque entièrement disparu le 26 mai. Nul doute que la destruction de ces insectes, faite dans les premiers jours, n'eût préservé ces poiriers des vers des fruits, du moins de ceux qui proviennent des charançons. Les feuilles étant alors petites et peu nombreuses, l'opération eût été facile ; j'avais résolu de l'exécuter à titre d'épreuve sur l'un des deux arbres, soit en prenant les charançons avec la main , soit en étendant un linge blanc au-dessous du poirier et en imprimant une secousse brusque à chaque branche ; une maladie m'a empêché de donner suite à ce projet.

» Si tous les jardiniers ou propriétaires d'un hameau , d'un village, s'entendaient pour enlever et détruire tous les fruits tombés, pour enlever, pendant l'hiver, les vieilles écorces de leurs arbres fruitiers, et enfin pour détruire les charançons au printemps sur les arbres nains, ils seraient certainement presque entièrement, pour ne pas dire tout à fait, à l'abri des pertes causées par les vers des fruits. Mais un propriétaire ne doit pas regarder ces mesures comme inutiles par cela qu'il serait seul à les mettre en pratique, car les insectes produisant les vers des fruits sont très-sédentaires et s'éloignent peu des arbres où ils ont pris naissance.

» A l'appui de cette opinion, je citerai de nouveau l'histoire de la pyrale des vignes. Raclet et les premiers vignerons qui échaudèrent leurs ceps eurent de magnifiques récoltes, tandis que les vignes au milieu desquelles leurs fonds étaient comme enclavés, et pour lesquels on n'avait pris aucune précaution, ne conservèrent pas un raisin intact. On a vu, d'autre part, que Raclet a reconnu l'action préservatrice de l'eau chaude contre les ravages de la pyrale, à l'existence de raisins sur quelques ceps ayant été échaudés et étant entourés d'autres ceps non préservés.

» Les amateurs qui tiennent à voir un fruit venir à bien , par exemple celui d'un arbre nouvellement planté, pourront presque toujours le conserver, lors même qu'il aura été piqué par les vers, en mettant en usage le procédé suivant :

» L'ouverture qui annonce l'existence du ver est-elle récente, peu profonde, qu'ils retirent ou tuent l'insecte avec la pointe d'un canif. « Cette incision, que » j'ai employée souvent avec succès, dit M. Delacour, sera sans résultat nuisible » et se cicatrisera d'abord, même quand le ver, ayant été tué, reste dans l'inté» rieur du fruit. » J'ai répété cette opération un grand nombre de fois cette année, au mois de juillet; elle est facile, prompte et sûre. Une substance visqueuse, incolore ou jaunâtre, entourant l'œuf d'où est sorti le ver, aide à apercevoir une ouverture récente et très-petite, lorsqu'elle a été faite par une chenille de papillon ; c'est le cas le plus fréquent pour les fruits déjà avancés. On la trouve au point de contact du fruit avec un autre fruit ou avec une feuille.

» Ai-je besoin de dire que l'on doit toujours enlever cette substance visqueuse, laquelle peut renfermer l'œuf encore intact ? Mis en usage avant l'éclosion des œufs, ce moyen préservatif me semble supérieur à l'incision dont il prévient l'emploi. Celle-ci n'est pas d'ailleurs toujours possible, par exemple lorsque les fruits sont petits ou lorsque le trou creusé par l'insecte est profond ou avec des circonvolutions ; parfois elle donne lieu à la pourriture ou nuit au volume de la pomme ou de la poire.

» On a conseillé de faire périr le ver en bouchant l'ouverture de son logis avec un pain à cacheter, en y collant du papier, en y introduisant de l'huile ou de la graisse. J'ai constaté que ces moyens étaient inutiles. Le ver vient percer le pain à cacheter et le papier, ou bien, va faire une deuxième ouverture en une autre partie du fruit.

» Parlons des *tipules*.

» En 1858 et 1859, la récolte des poires a été fort diminuée par de petits vers qui se logeaient au nombre de dix à vingt dans les fruits venant de nouer, et les rendaient globuleux, comme ballonnés, et ne tardaient pas à les faire noircir et tomber. Dans le jardin d'un membre de la Société d'horticulture de l'Ain, M. Hudelet, j'ai vu des poiriers ne pas conserver un seul fruit intact. Ces petits vers, qui étaient de couleur blanche, sans pattes, à extrémité postérieure pointue, se changeaient en chrysalides jaunâtres dans l'intérieur même de la poire, ou bien, lorsqu'ils en étaient sortis, dans la terre à une profondeur d'un à trois centimètres.

» Ils produisaient ensuite de petites mouches à deux ailes, dites *tipules*. Ils provenaient par conséquent de cet insecte, qui pond probablement ses œufs dans la fleur.

» J'avais déjà, dans les années précédentes, observé les mêmes vers dans les cavités creusées par les larves de la pirale des pommes et de la mouche à scie dans l'intérieur des fruits à pepins et abandonnées par elles. J'en ai trouvé une grande quantité en 1859, dans les noix.

» L'histoire de ces insectes étant connue, on comprend que la destruction des fruits tombés et l'écobuage de la terre ramassée sous les arbres sont encore là les meilleurs moyens de prévenir leurs ravages.

» Je garde rancune à plusieurs espèces de chenilles du poirier et du pommier, lesquelles entourent de leur toile les bouquets de jeunes fleurs et détruisent ensuite les feuilles servant d'abri aux fruits ; je garde rancune à des larves, telles que celles du *cossus*, qui ont fait périr plusieurs poiriers récemment plantés en mon verger, en creusant à travers leur écorce de longues galeries; à des pucerons lanigères, ayant couvert entièrement quelques-uns de mes pommiers de tubérosités difformes, mais je ne veux parler ici que des insectes attaquant directement les fruits.

» Cette année, au commencement de juin, en parcourant la riche collection de poiriers de M. Chevrier, vice-président de la Société d'horticulture de l'Ain, j'ai trouvé dans des feuilles roulées en le sens de leur longueur, des vers semblables à ceux de la pyrale des pommes, sauf une longueur un peu plus grande et un aplatissement plus prononcé du corps. Ils attaquaient les fruits placés à leur portée. Ces larves se changeaient en chrysalides jaunes dans la cavité même de la feuille roulée, puis se métamorphosaient bientôt en papillons ayant le corcelet de la même couleur, l'abdomen rougeâtre, les ailes d'un blanc sale et pointillé de jaune, étendues et légèrement inclinées, etc.

» La forme roulée des feuilles servant de demeure à ces vers extérieurs des fruits, mettent à même de remarquer facilement leur présence et de les détruire.

» Enfin, dans cette même année, j'ai également observé autour du collet des jeunes poires de plusieurs de mes arbres, une quantité considérable de pucerons qui, en pompant les sucs destinés à leur développement, les faisaient sécher ou les rendaient difformes et moins grosses. Je les ai fait disparaître à l'aide de la poudre insecticide et du petit soufflet de Vicat.

» Je ne veux point terminer ces instructions sur les vers des fruits sans insister encore sur un conseil déjà donné ailleurs, celui de ne point faire la chasse aux oiseaux insectivores, ces aides bienfaisants et peu coûteux nous ayant été donnés par la Providence pour détruire ceux des ennemis de nos récoltes qui nous échappent par leur petitesse. Je recommanderai surtout les mésanges; ces petits oiseaux, qui sont presque les seuls restant en nos pays pendant l'hiver, abandonnent alors les bois pour venir en troupes parcourir les haies de nos champs, les arbres de nos jardins, cherchant les insectes nuisibles; ils tournent autour de chaque branche, grimpent le long des troncs d'arbres, examinent les moindres cavités de l'écorce. On leur tend cependant, malgré leur utilité, des piéges de toutes sortes, on les tue par milliers, et pour quel profit? il faut soixante et quinze de ces oiseaux dépouillés de leurs plumes pour atteindre le poids d'un demi-kilogramme! »

De la Cueillette.

Quelques personnes m'ont demandé pourquoi je n'avais pas indiqué l'époque précise de la cueillette de chaque variété de poires : la raison en est bien simple; c'est qu'une pareille indication n'offrirait rien de certain, et que forcément j'induirais en erreur ceux qui voudraient suivre mes prescriptions, attendu que, pour une même espèce, l'époque de la cueillette varie suivant le sol, l'exposition, et surtout suivant l'année.

Il est évident qu'une variété plantée dans un sol léger et chaud à l'exposition du midi ou du couchant, arrivera plus tôt à maturité que si elle a crû dans un sol humide et froid, et à l'exposition du nord et du levant.

Quant à l'influence d'une année sur l'autre, elle est plus grande encore : c'est ainsi que cette année, pas exemple, par suite de la sécheresse et des chaleurs exceptionnelles de l'été, tous les fruits ont devancé de beaucoup leur époque ordinaire de maturité.

Aujourd'hui, 15 septembre 1859, les duchesses d'Angoulême sont presque toutes passées, et à cette même époque, nous mangeons déjà des beurrés Diel, des triomphes de Jodoigne, et presque toutes les poires qui, habituellement, n'arrivent à maturité qu'en novembre et décembre. Comment, avec des écarts pareils, vouloir fixer une époque déterminée !

La cueillette des fruits est essentiellement une affaire d'observations personnelles, et la pratique seule indiquera le moment opportun de cueillir telle ou telle variété. Mais, s'il est impossible de rien préciser, on peut établir quelques principes généraux qui pourront guider, jusqu'à un certain point et dans quelques cas donnés, ceux qui n'ont pas encore acquis assez d'expérience. Règle générale : toutes poires, même celles de premier été, sont meilleures lorsque leur maturité s'achève au fruitier, que si elles ont mûri sur l'arbre.

Les fruits qui mûrissent sur l'arbre sont généralement pâteux et cotonneux, et en tous cas, ils ont moins d'eau que ceux cueillis quelques jours à l'avance.

Les poires d'été doivent être cueillies seulement cinq à six jours avant leur maturité ; celles du commencement de l'automne, dix ou quinze jours avant cette même époque.

L'époque où l'on doit commencer de cueillir les fruits d'été, s'annonce généralement par un changement dans la couleur et par la maturité et la chute des fruits véreux.

Il ne faut pas oublier que la maturité des fruits piqués par les vers est toujours devancée, et attendre par conséquent qu'un certain nombre de fruits tarés soient complétement mûrs pour commencer la cueillette.

Les fruits d'été doivent être cueillis en plusieurs fois à intervalles égaux ; trois le plus souvent : c'est ce que l'on appelle entre-cueillir.

La plupart des auteurs ne recommandent ce procédé que pour les fruits d'été; je le généraliserai davantage, et je dirai que l'on se trouvera toujours bien de l'appliquer aux poires de toutes saisons, sauf à quelques variétés d'hiver que j'indiquerai dans un moment.

L'intervalle d'une cueillette à l'autre variera seulement selon l'époque de la maturité des fruits ; il sera de cinq à six jours pour les fruits d'été ; de huit à dix pour les fruits d'automne, et de dix à douze pour les fruits d'hiver.

On devra toujours commencer la cueillette par les fruits qui présentent le changement de couleur le plus prononcé, parce que ce sont ceux qui approchent le plus de la maturité ; par les plus gros, parce que les plus petits, profitant alors de toute la sève de l'arbre, pourront encore augmenter de volume ; par les plus près du sol, parce que généralement les fruits les plus avancés sont ceux du bas et du milieu de l'arbre ; ceux du haut sont les plus tardifs, parce que la sève afflue beaucoup plus dans les parties supérieures. Cette dernière remarque est surtout applicable aux formes dont l'embranchement part du sol.

Le changement de couleur, la chute et la maturité des fruits véreux, nous guideront encore pour la cueillette des poires du commencement de l'automne, et généralement de toutes celles qui peuvent atteindre sur l'arbre leur maturité complète.

La difficulté sérieuse n'existe donc que pour les fruits de la fin de l'automne et de l'hiver.

Tous ces fruits, sans exception, sont d'autant meilleurs, qu'ils restent plus longtemps sur l'arbre ; mais il n'en est pas de même pour la conservation, et, sous ce rapport, on peut les diviser en deux groupes distincts :

1° Ceux qui se conservent d'autant mieux qu'ils sont cueillis plus tôt à l'automne ;

2° Ceux qu'il faut cueillir le plus tard possible, sous le double point de vue de la conservation et de leurs qualités spécifiques.

Ce dernier groupe ne renferme que quelques fruits d'hiver, très-tardifs ; on les reconnaît presque tous à leur dureté avant la maturité, à leur épiderme grossier et rude au toucher ; de ce nombre sont la Fortunée, le bon Chrétien de Rans, la Bergamotte Esperen, etc. Tous ces fruits, ou n'arriveraient pas à maturité, ou perdraient toutes leurs qualités s'ils étaient cueillis de bonne heure.

Ici donc, point de difficulté encore, puisque pour la cueillette il faut se laisser guider par la saison, et que, si l'année le permet, on laissera des fruits sur l'arbre jusqu'à la fin d'octobre; c'est-à-dire, tant que les gelées ne seront pas à craindre.

Ce sont ces fruits seulement et leurs analogues que l'on devra cueillir tous à la fois, et pour lesquels j'ai fait une réserve, lorsque j'ai parlé de l'avantage des récoltes anticipées pour tous les fruits.

Le premier groupe est de beaucoup le plus nombreux; il comprend tous les fruits de la fin de l'automne, et une bonne portion de ceux de l'hiver: ainsi, le Doyenné d'hiver, la Joséphine de Malines, le Passe-Colmar, la bonne de Malines, etc., appartiennent à ce premier groupe.

Il ne faudra pas perdre de vue ce que j'ai dit à l'article du Doyenné d'hiver, à savoir: que si l'on cueille trop tôt, le fruit flétrit au lieu de mûrir, et qu'en tous cas, une cueillette trop anticipée est toujours au détriment de la saveur. Lorsque je dis que ces fruits se conservent d'autant plus qu'ils sont cueillis plus tôt à l'automne, il faut entendre que la cueillette sera faite à propos et en bon temps. Comment déterminer cet instant opportun? C'est ce qu'il est bien difficile de faire.

Selon M. Hardy, il faut cueillir les fruits huit ou dix jours après qu'ils ont cessé de grossir. Mais comment, celui qui n'a pas acquis assez de pratique pour arriver à connaître l'époque de la cueillette, parviendra-t-il à distinguer le jour précis où chaque variété de poires aura cessé de grossir!

Il est temps de cueillir, ont dit d'autres auteurs, lorsqu'il suffit de relever un peu le fruit pour que le pédoncule se détache bien de la bourse; cette prescription, qui peut être vraie pour les fruits d'été et du commencement de l'automne, manque totalement de justesse pour ceux de l'arrière-saison; la plupart tiennent encore fortement à l'arbre, à l'époque où il faut les en détacher.

C'est pour cette catégorie de fruits que je pense qu'aucune indication ne peut remplacer l'expérience que donne la pratique, et encore le plus habile jardinier se trompe-t-il quelquefois; c'est pour cela que je conseille de les entre-cueillir.

Si les cueillettes sont faites à propos, on prolongera de beaucoup la jouissance de ces fruits. Ceux cueillis tard mûriront de bonne heure, mais seront excellents; ceux cueillis les premiers, s'ils perdent un peu de leur saveur, rachèteront ce défaut par une longue conservation, et si l'on se trompe, en faisant trop tôt une première cueillette, on ne perdra jamais qu'une portion de ses fruits.

Si à cela on ajoute le soin de noter chaque année l'époque des diverses cueillettes de chaque fruit et les résultats obtenus, on aura au bout de peu de temps des termes moyens pour son climat, son sol et son exposition, qui présenteront toutes certitudes; à part, bien entendu, pour les années exceptionnelles, comme celle-ci, auquel cas on aura alors acquis assez de pratique pour juger de combien de temps il conviendra d'avancer ou de retarder l'époque habituelle de la cueillette.

Je n'ajouterai pas ce que tout le monde sait, qu'il faut cueillir les fruits par un beau temps, l'après-midi, alors qu'ils sont parfaitement secs.

Conservation des fruits.

Je n'entrerai dans aucun détail sur l'emplacement et l'agencement d'un bon fruitier; on trouvera ces indications dans tous les auteurs. Je dirai seulement que pour mon compte personnel, je n'ai point de fruitier proprement dit; je place des fruits partout, les uns au nord, les autres au midi; à la cave et au grenier; à une température basse ou élevée; suivant que je veux avancer les uns ou retarder les autres. Pour cela, je me sers du fruitier portatif de M. de Dombasle, dont voici la description :

On fait construire en planches de sapin ou de peuplier de 18 à 20 millimètres d'épaisseur, des caisses de 8 centimètres seulement de hauteur et de 77 centimètres de longueur, 52 centimètres environ de largeur, le tout pris en dedans; toutes ces boîtes doivent être de dimensions bien égales, de manière à s'ajuster bien exactement les unes sur les autres; elles n'ont point de couvercle, et le fond est fermé de planches de 10 à 12 millimètres d'épaisseur, solidement fixé par des pointes, sur le bord inférieur des planches qui forment les parois des caisses. Au milieu de chacun des quatre côtés de la caisse, on fixe avec des clous, près des bords supérieurs, des morceaux de bois ou tasseaux d'environ 10 centimètres de longueur sur 5 à 6 centimètres de largeur et 12 à 15 millimètres d'épaisseur. Ces morceaux sont appliqués, par une de leurs faces larges, sur les faces extérieures de la caisse et en sorte qu'un de leurs bords, sur toute la longueur du tasseau, dépasse en hauteur de 6 à 8 millimètres le bord supérieur de la caisse. Ces tasseaux ont deux destinations : d'abord, ils facilitent le maniement des caisses en servant de poignées par lesquelles on saisit facilement des deux mains les petits côtés d'une caisse; ensuite ils servent d'arrêt pour tenir exactement les caisses dans leur position, lorsqu'on les empile les unes sur les autres. A cet effet, ces tasseaux doivent être un peu délardés ou amincis en dedans dans les parties qui font saillie en hauteur, de manière que la caisse supérieure puisse poser bien exactement sur les bords de la précédente, sans être serrée par le bord des tasseaux.

On conçoit facilement, d'après cette description, que chaque caisse étant remplie d'un lit de poires, de pommes ou de raisins, etc., elles s'empilent les unes sur les autres, chacune servant de couvercle à la précédente; et la caisse supérieure est seule fermée, soit par une caisse vide, soit par un couvercle en planches de même dimension que les caisses. On peut empiler ainsi quinze caisses et plus, et chaque pile présente l'apparence d'un coffre entièrement inaccessible aux animaux rongeurs, et que l'on peut loger dans un local destiné à tout autre usage dans lequel il n'occupe presque pas d'espace.

Je ferai encore observer qu'avant de renfermer les fruits dans les caisses, il faut, après la cueillette, les ranger sur des tables ou des claies (les claies de vers à soie sont excellentes pour cet usage) dans une pièce au nord et les laisser parfaitement se ressuyer pendant quinze jours ou trois semaines au lieu de huit jours, comme la plupart des auteurs le recommandent. Les fenêtres doivent rester ouvertes jour et nuit. Les fruits ainsi traités perdent une partie de leur eau de végétation, et ne craignent plus de moisir ou de se tiqueter de noir, comme cela arrive presque toujours lorsqu'on les renferme trop tôt.

En décrivant les variétés, j'ai dit qu'avec des soins, on pouvait conserver quelques espèces bien au-delà de l'époque normale de leur maturité; je veux expliquer ce que j'entends par ces mots *avec des soins:* prenons pour exemple la duchesse d'Angoulême; si dans votre sol et à votre exposition, les duchesses doivent être cueillies au 15 septembre, vous faites une récolte anticipée dans les premiers jours de ce mois, en choisissant les fruits les plus beaux et les plus sains; vous les laissez à l'air dans une chambre au nord, pendant quinze jours; puis vous les enfermez dans vos caisses Dombasle, que vous déposez en les superposant dans un local où la température se maintienne à six ou huit degrés. Les caves, les caveaux, les celliers sont excellents, si toutefois ils sont sains et exempts d'humidité. Vos duchesses, ainsi traitées, iront jusqu'en janvier.

S'il est important de parfaitement connaître le moment de cueillir les fruits, il ne l'est pas moins de bien choisir celui où ils doivent être consommés.

A partir du moment où un fruit a cessé de croître, il s'opère chez lui un travail de fermentation qui tend à développer les principes sucrés qu'il contient et l'arome spécifique de la variété; ce travail, qui est en définitive le commencement de la décomposition, fait gagner le fruit en qualité jusqu'à un moment donné, à partir duquel il suit une progression inverse; la décomposition s'accélère, et il perd ses qualités en moins de temps qu'il n'avait mis à les acquérir.

Saisir ce moment unique où un fruit est à son apogée de bonté et à partir duquel il va décliner, est pour ainsi dire chose impossible; mais il faut s'en rapprocher autant que faire se pourra. Souvent un fruit est mal jugé, parce qu'il n'a pas été mangé à son point de maturité.

Ce travail de fermentation qui s'établit dans les fruits en maturité, me fournira une dernière observation.

On sait que la présence d'un corps en fermentation active la fermentation de corps semblables: de là la nécessité d'isoler les fruits mûrs ou qui tendent à l'être, de ceux que l'on veut conserver longtemps. C'est encore un avantage du fruitier Dombasle sur les fruitiers ordinaires, où les fruits de toutes saisons se trouvent réunis dans un même local, au grand détriment de leur conservation; tandis qu'au moyen des caisses Dombasle on peut isoler toutes les espèces suivant leur époque de maturité.

Commerce et emballage des fruits et spécialement des poires.

Pour donner une idée de l'importance que le commerce des fruits a prise de nos jours, je vais reproduire quelques considérations générales que M. Dubreuil a publiées au mois de mai 1859 dans la *Revue horticole.* Je donnerai à la suite quelques détails sur le commerce et l'emballage des poires en particulier.

« Avant l'établissement des chemins de fer en France, dit le savant professeur, la culture et le commerce des fruits de table n'avaient d'importance que dans le voisinage immédiat des grands centres de population. Partout ailleurs, ces produits, d'un transport difficile, auraient manqué de débouchés, faute de voies de communication assez rapides. Aussi dans les localités mêmes les plus favorables à cette culture par leur sol et leur climat, la production des fruits était limitée par les besoins de la consommation locale ; et, dans les années de grande abondance, une partie notable de ces produits était perdue faute de moyens d'exportation, tandis que d'autres contrées moins favorisées, en étaient complétement privées.

» Ce fâcheux état de choses tend heureusement à disparaître. Depuis que des voies ferrées sillonnent toute la surface de notre territoire, les fruits sont facilement transportés des lieux de production vers les centres de consommation, situés souvent à de grandes distances. Aujourd'hui chacun de nos départements peut prendre sa part des produits de tous les autres. Les pêches et les figues de la Provence et du Roussillon arrivent à Paris et à Lille, et les pommes de l'Auvergne et de la Normandie sont consommés à Marseille.

» Pour montrer le progrès rapide que fait le commerce des fruits, nous plaçons ici les chiffres suivants qui nous ont été obligeamment fournis par l'administration du chemin de fer d'Orléans. Ce chemin de fer a transporté à Paris :

» En 1852, 900 tonnes de 1,000 kil. de fruits frais.
» En 1858, 2,329 tonnes — —

» La quantité de fruits transportés a donc plus que doublé dans l'espace de cinq ans.

» Non-seulement les chemins de fer ouvrent à nos fruits la voie du commerce intérieur, mais ils en font l'objet d'une exportation considérable. L'Angleterre, le nord de l'Allemagne, la Russie, achètent chaque année une grande partie du produit de nos vergers.

» Sous cette utile influence, la culture des arbres fruitiers prend, depuis quelques années, un accroissement immense et devient une industrie nouvelle et réellement lucrative. Les plantations s'étendent sur tous les points ; les pépinières, insuffisantes, se multiplient partout, et, si l'on favorise ce mouvement en lui imprimant une direction convenable, il n'est pas douteux que notre territoire, si favorable à la production des fruits par son sol et son climat, ne devienne bientôt le jardin fruitier du nord de l'Europe. »

Pour atteindre ce résultat, M. Dubreuil recommande :

1° De répandre dans tous les départements, à l'aide d'un bon enseignement théorique et pratique, les notions d'après lesquelles on peut tirer d'un jardin fruitier ou d'un verger le produit net le plus élevé ;

2° De ne produire que des fruits de première qualité lorsqu'ils ont à franchir de grandes distances pour arriver au lieu de consommation. En effet, un produit ayant une valeur intrinsèque assez élevée, pourrait encore être vendu à un prix suffisamment rémunérateur, quoiqu'il arrive au consommateur chargé des frais de transport et d'emballage ;

3° De ne cultiver dans chaque localité que les sortes de fruits qui y acquièrent toutes leurs qualités sans exiger des soins minutieux. On pourra réaliser alors un bénéfice net plus élevé ;

4° D'employer pour les fruits envoyés au loin un mode d'emballage convenable.

Pour parler maintenant des fruits qui nous occupent spécialement dans cette notice, il nous reste à examiner si nous sommes placés dans des conditions assez favorables pour tirer un parti avantageux de la culture du poirier.

Constatons d'abord que l'enseignement théorique et pratique ne nous fait pas défaut. Sans parler de tous nos arboriculteurs qui publient chaque jour dans le *Sud-Est* le résultat de leurs expériences et de leurs tentatives, du zèle que déploie l'intelligent directeur de ce journal, pour recueillir et reproduire tout ce qui paraît d'instructif et d'intéressant en fait de pomologie, ce qui fait de ce recueil un vrai cours théorique d'arboriculture, nous avons chaque année, à Grenoble, le cours tout à la fois théorique et pratique de M. Verlot, notre habile jardinier en chef du jardin des plantes ; en outre, M. Gustave de Linage, après avoir donné un cours public à Grenoble, va chaque année, à l'exemple de M. Dubreuil, répandre dans nos départements voisins les bons principes d'arboriculture qu'il a puisés auprès de M. Hardy.

Cet élan, au reste, n'est pas particulier à notre département et, pour ne parler que des pays qui nous touchent, je rappellerai que Lyon est un des centres pomologiques les plus remarquables, que c'est dans cette ville et sous l'inspiration de M. Villermoz qu'a pris naissance le congrès pomologique ; que le département de l'Ain marche courageusement dans la même voie, que sa Société d'horticulture, alliée à la nôtre, renferme dans son sein des arboriculteurs aussi distingués au point de vue de la pratique qu'à celui de la théorie.

Constatons encore que notre climat est généralement très-favorable à la culture du poirier : l'arbre y croît avec vigueur et sans soins exceptionnels, les fruits sont beaux et savoureux.

Dans quelles conditions aurons-nous avantage à exporter nos fruits ? C'est ce qu'il nous faut rechercher.

Pour nous aider dans cet examen, j'ai relevé un tableau du prix des poires sur la halle de Paris aux différentes époques de l'année.

Les poires valent à Paris suivant la qualité :

En					
Juillet, Août	le cent...............	de	3 fr.	à	25 fr.
Septembre, Octobre	id................		3	à	40
Novembre, Décembre	id................		3	à	60
Janvier, Février	id................		5	à	80
Mars, Avril	id................		5	à	100

Ce tableau représente la moyenne des prix extrêmes des quatre dernières années. Ce qui frappe à la première inspection, c'est l'écart qui existe entre le prix des fruits de qualité inférieure et celui des fruits de premier choix, tandis que le prix des premiers ne varie pour ainsi dire pas, quelle que soit la saison ; les seconds arrivent à valoir 1 fr. pièce. Ceci prouve combien est judicieuse la réflexion de M. Dubreuil, qu'on ne doit cultiver que des fruits de première qualité, lorsqu'il s'agit d'une exportation lointaine. En effet, pendant que les prix de vente sont si différents, les frais considérables de transport et d'emballage restent à peu de chose près toujours les mêmes, quelle que soit la qualité des produits. J'opposerai également ce tableau à ceux qui trouvent que j'ai trop réduit le nombre des variétés en engageant à ne cultiver que les plus fertiles et celles qui donnent les fruits les meilleurs et les plus beaux.

L'emballage des poires dépendra aussi de la qualité des produits pour les fruits de premier choix, on choisira des caisses ou des paniers assez solides et d'une grandeur telle, que le poids total ne dépasse pas 20 kil. ; afin que les secousses ne soient pas trop violentes, on placera au fond et sur les côtés de ces caisses ou de ces paniers une couche épaisse de mousse sèche ou de regain, on établira sur cette couche un premier lit de fruits bien serrés et préalablement enveloppés d'une double feuille de papier Joseph et séparés les uns des autres par des rognures de papier. On superposera ainsi autant de lits de fruits que la caisse peut en contenir, en séparant chaque lit par une couche épaisse de rognures de papier ; on fera en sorte que ces caisses ou ces paniers soient pourvus d'anses qui permettent de les saisir et de les transporter facilement.

Si les fruits sont destinés à voyager pendant l'hiver et qu'on ait à redouter la gelée, le meilleur moyen de les en défendre consistera à placer la caisse dans une autre plus grande, de façon à ce qu'il reste entre elles un intervalle d'environ 0m. 10 que l'on remplit avec de la paille ou de la mousse bien sèches ; on pourra également employer dans ce cas deux tonneaux placés l'un dans l'autre.

Pour les fruits plus communs qui ne peuvent pas être grevés de ces frais d'emballage, et surtout lorsqu'ils ne doivent pas parcourir de grandes distances, l'emballage peut être très-simplifié.

On place alors les poires dans de grands paniers garnis de paille ou de foin, et l'on sépare chaque lit de fruits par une couche de regain, on serre vigoureusement pour qu'il n'y ait pas en route de ballottement.

En résumé, je crois qu'il sera souvent avantageux d'exporter nos poires, mais seulement nos poires de choix, et l'emballage devra être d'autant plus soigné que les fruits seront de qualité plus supérieure et que le prix de vente sera plus rémunérateur.

Justification des quarante poires.

Critiques et réponses.

Cette petite étude a soulevé à son apparition bien des objections ; je suis loin de m'en plaindre, car toute œuvre qui n'est pas discutée est condamnée par ce fait seul ; la critique, au contraire, est la meilleure preuve de sa prise en considération. Je ne saurais donc mieux terminer qu'en passant en revue les différentes discussions qui ont eu lieu à propos de ce travail.

Avant de répondre aux critiques qui ont été publiées dans la *Revue horticole* qui paraît à Paris sous l'habile direction de M. Barral, je parlerai des diverses observations qui m'ont été faites directement, soit de vive voix, soit par écrit. « Vous auriez pu, m'a-t-on dit, pour les figures des diverses variétés que vous décrivez, choisir de plus beaux spécimens. » Je ne fais aucune difficulté d'avouer qu'effectivement je me suis attaché à ne donner que la grosseur moyenne de chaque variété. Je sais fort bien que ceux qui dessinent ou modèlent des fruits ont coutume de choisir les plus beaux, prenant pour type les plus gros qu'ils peuvent trouver; mais je crois aussi que cette manière de faire a des inconvénients et peut induire en erreur. Je me suis donc attaché, dans les figures au trait que je donne, à représenter la forme la plus ordinaire de chaque variété, et en même temps à choisir entre les plus gros et les plus petits la grosseur moyenne.

M. Buisson, de la Tronche, dont nous connaissons tous, dans le département de l'Isère, les travaux en fait d'arboriculture, m'écrit au sujet de la greffe du poirier sur aubépine que je conseille à ceux dont le terrain se refuse au cognassier; comme j'attache personnellement beaucoup de prix aux observations de M. Buisson, je citerai textuellement ses objections ponr ne pas les affaiblir; j'indiquerai ensuite les faits qui ont motivé mon opinion.

« J'ai éprouvé, dit M. Buisson, la déception la plus complète en pratiquant la greffe du poirier sur des aubépines plantées en pépinière ou à demeure, avec l'intention de former un buissonnier. Les aubépines ont bien végété, les greffes ont parfaitement réussi; mais leur développement n'a pas répondu à mon attente et aux espérances que m'avaient fait concevoir certains conseils adoptés trop légèrement. A deux ou trois exceptions près, ces poiriers greffés sur aubépines n'ont pas atteint, en dix ans, un mètre de hauteur; ils n'ont porté que quelques fruits moins gros que ceux produits par d'autres sujets greffés sur franc ou sur cognassier; leur végétation, dès la deuxième ou la troisième année, s'est bornée à quelques boutons à fruit; il n'a plus été possible de donner à ces arbres, au moyen de la taille, une forme quelconque, même en supprimant les bourgeons fructifères, dans l'objet de faire porter toute la végétation. Cette dernière opération n'a eu pour résultat que d'augmenter la disposition naturelle de l'aubépine au repercement des rejetons, soit sur les racines, soit sur le sujet, au-dessous de la greffe. Cette disposition de l'aubépine, de même que pour les sujets de pêchers, ou de pruniers greffés sur prunelliers ou épines noires, présente les plus grands inconvénients et exige une surveillance continuelle. »

Après quelques détails sur des essais de pêchers et de pruniers greffés sur prunelliers, M. Buisson conclut en ces termes:

« Je crois, par tous ces motifs, pouvoir émettre l'opinion que la greffe du poirier sur aubépine, et du pêcher ou prunier sur prunellier, doit être rejetée. » M. Buisson, on le voit, cite son expérience personnelle et s'appuie sur des faits; pour toute science appliquée, et pour l'arboriculture en particulier, c'est la meilleure manière de procéder: je ne puis et ne dois donc opposer de mon côté que des faits. Malheureusement ceux qui me sont personnels sont peu nombreux, par la raison que chez moi le cognassier réussit très-bien et que je n'ai jamais songé à mettre, sur la même ligne, le cognassier et l'aubépine comme porte-greffe du poirier. Si j'ai greffé quelques variétés sur épine blanche, c'est comme étude et à titre d'essai; il ne faut pas perdre de vue que je ne conseille l'aubépine que là où le cognassier est impossible. Ceci bien entendu, je dirai que j'ai chez moi deux poiriers duchesse d'Angoulême, greffés sur épine, de douze ans de plantation, élevés en pyramides, qui mesurent trois mètres à trois mètres cinquante d'élévation. Depuis cinq ou six ans, chacun de ces arbres m'a rapporté en moyenne une corbeille de fruits par année. Comme ils sont condamnés, non pas qu'ils manquent de vigueur, car ils sont au contraire dans toute leur force, mais parce que j'ai besoin, pour une autre culture, du terrain qu'ils occupent, j'ai cessé, depuis deux ans, de les tailler pour les épuiser ; aussi l'automne passé chaque arbre m'a donné deux corbeilles de fruits. Ces derniers ont toujours été un peu moins gros que ceux venus sur sujet de cognassier, quoique la différence soit peu sensible ; mais ils m'ont semblé meilleurs et plus savoureux. Cette différence tient-elle à l'essence sur laquelle ils sont greffés, à l'âge des sujets, ou au terrain ? Je n'oserais décider la question ; il faudrait pour cela des études comparatives plus suivies.

Les autres variétés greffées sur épine, que je possède, sont plus jeunes ; elles ont quatre ans de greffes; ce sont généralement des variétés anciennes. Je les ai choisies, les unes, parce qu'elles se mettent difficilement à fruit sur cognassier lorsqu'elles sont soumises à la taille; les autres, parce qu'elles donnent habituellement, sur franc et sur cognassier, des fruits tachés et pierreux. J'ai voulu éprouver si la greffe sur aubépine aurait une influence sous ce rapport.

Ce sont les variétés suivantes :

Bellissime d'été, Beurré d'Hardenpont, Beurré d'Angleterre, Beurré gris, Bési de Chaumontel, Bon chrétien d'hiver, Colmar, Impériale à feuilles de chêne, Saint-Germain, Virgouleuse, Verte longue (mouille-bouche de Duhamel).

Toutes ces variétés sont greffées à double : les unes sont conduites en fuseaux et en cordon ; les autres en palmettes. Toutes ont dépassé un mètre de hauteur ; trois seulement ont donné du fruit ; ce sont : la Verte longue, le Beurré gris et le Bési de Chaumontel ; les boutons à fleurs apparaissent seulement cette année-ci sur les autres.

Une Virgouleuse en palmette a déjà des bras latéraux inférieurs d'un mètre trente centimètres de chaque côté de la tige, ce qui donne un développement total de deux mètres soixante centimètres ; la flèche, jet de l'année, que je viens de mesurer, a un mètre quarante centimètres de longueur, et cinq centimètres et demi de circonférence à la base.

Un Saint-Germain a des bras latéraux inférieurs d'un mètre, et la flèche, d'un mètre trente centimètres.

La Royale d'hiver, le Bon chrétien d'hiver, le Colmar, ont également en palmette une végétation satisfaisante sans être aussi vigoureuse. La Verte longue, la Bellissime d'été, le Bési de Chaumontel, le Beurré d'Hardenpont, en fuseaux ou en cordons, ont un développement d'un mètre quarante à un mètre soixante centimètres; la variété qui a le moins bien poussé est l'Impériale à feuilles de chêne. Pour prouver, au reste, combien la force et la vigueur du sujet sur lequel on greffe, et l'emplacement plus ou moins bas ou plus ou moins haut de la greffe sur le sujet, peuvent avoir de l'influence, j'ajouterai que sur cinq sujets d'aubépine greffés en Beurrés gris, trois n'ont produit que des arbres insignifiants qui ont un peu plus d'un mètre, pendant que les deux autres ont deux mètres d'étendue en cordons et ont dépassé en vigueur les sujets greffés sur cognassier à la même époque.

Je ferai encore observer que la disposition de l'aubépine, au repercement des rejetons, n'est pas aussi considérable que semble l'indiquer M. Buisson, et qu'en aucun cas elle ne peut être comparée à celle du prunellier ou épine noire. L'aubépine, à proprement parler, ne drageonne pas ; elle ne donne des rejets que sur la tige et tout au plus sur le collet des racines, tandis que le prunellier émet des drageons à deux ou trois mètres de distance. La conséquence de cette différence est que, dès que la greffe a pris une certaine force, l'aubépine cesse d'émettre des rejets ; c'est ce que nous voyons tous les jours pour les alisiers et sorbiers greffés sur épine blanche ; c'est ce qui s'est produit chez moi pour les deux poiriers duchesses dont j'ai parlé : je n'ai jamais vu de rejetons ; il n'en existe même pas sur les plus vigoureux de mes arbres plus jeunes.

Maintenant, sans être aussi exclusif que M. Buisson, ne peut-on pas conclure de ces faits opposés :

1° Que le cognassier est préférable à l'aubépine, ce que je n'ai jamais songé à contester ;

2° Que cependant certaines variétés peuvent réussir sur aubépine ;

3° Que partout où l'on ne pourra conserver de cognassier, et où l'on tiendra aux petites formes, on fera bien d'étudier les variétés qui prospèrent sur cette essence, parce qu'en définitive les arbres, dussent-ils être moins vigoureux et durer moins longtemps, ce que je crois, mieux vaut avoir quelques fruits que d'en manquer tout à fait;

4° Que les variétés les plus vigoureuses sont celles qui ont le plus de chance de réussir sur l'aubépine ;

5° Que ce sera quelquefois un moyen de mettre à fruit des variétés rebelles et peu fructifères; on pourrait, par exemple, s'en servir pour devancer l'époque de la fructification des sujets de sémis ;

6° Que lorsque l'on greffera sur aubépine, il faudra choisir des sujets vigoureux et déjà forts, greffer le plus bas possible, et enterrer un peu la greffe lors de la transplantation.

Passons maintenant aux critiques qui ont été publiées dans la *Revue horticole*: pour ne pas allonger outre mesure ce travail, je ne reproduirai pas *in extenso* les lettres des divers correspondants de la *Revue* ; mais je donnerai une analyse sommaire et exacte de leurs objections.

Un premier contradicteur me reproche de négliger nos anciennes variétés et de les passer sous silence ; désirant ensuite substituer quelques espèces à celles que j'ai indiquées, il me demande compte de mes préférences. Ce nombre de quarante, dit-il en finissant, est-il *sacramentel*, au point de ne pouvoir y ajouter une cinquième série?

M. Baltet, habile praticien, vient en aide à ce premier critique et dit : non, quarante poires ne suffisent pas pour avoir des fruits toute l'année, ni pour combiner la plantation d'un jardin fruitier.

Il voudrait ajouter une série pour les fruits d'espalier, une autre pour les fruits de verger, une autre pour les fruits d'apparat ; puis il me reproche d'omettre encore un nombre considérable de bonnes variétés ; de ne pas m'étendre assez sur le traitement spécial de chaque sorte ; et enfin, de m'être trompé complètement à propos du Beurré Saint-Nicolas.

J'ai fait mon profit de cette dernière remarque, et je remercie M. Baltet de m'avoir aidé à rectifier une erreur positive.

Voici la réponse que j'ai adressée à la *Revue horticole* :

« Meylan, 10 et 20 janvier 1860.

» Monsieur le Directeur,

» Je commence par répondre à votre correspondant qui, dans la *Revue* du 1er janvier, demande des explications. Je m'occuperai ensuite des critiques de M. Baltet. Dans les articles publiés par le *Sud-Est*, après avoir établi mes quatre séries, et, avant de donner la description de chaque variété, j'ai dit : « On sera » peut-être étonné que je néglige autant nos anciennes variétés, c'est que je suis » parfaitement convaincu que celles que je propose sont au moins aussi bonnes et » infiniment plus *profitables*. Ce n'est pas que je ne reconnaisse que plusieurs de » nos fruits anciens ne soient *excellents* quand on peut les obtenir sains ; mais ces » variétés épuisées ne donnent plus que des arbres peu vigoureux, généralement » chancreux et atteints de gale, et des fruits tachés, presque toujours véreux ou » pierreux. Voici, au reste, les meilleurs par ordre de mérite : Beurré gris ; Crassane ; Saint-Germain ; Doyenné gris ; Doyenné blanc ; Bon-Chrétien d'hiver. » Ceux qui voudraient les cultiver et les avoir sains devront leur consacrer un » espalier au couchant et les y conduire en palmettes : on pourra y joindre le vrai » Beurré d'Arenberg ou Orpheline d'Enghien, excellent fruit que je n'ai pas admis » parce qu'il réclame également l'espalier. »

» Que conclure de ces quelques lignes ? 1° que je regarde nos variétés anciennes comme excellentes ; 2° que je regrette de ne plus pouvoir chez moi les cultiver à l'air libre ; 3° Que j'engage tous ceux chez qui ces variétés réussissent encore en plein air à les cultiver ; 4° Que si on a un mur à sa disposition, on fera fort bien de le leur consacrer, ainsi que je l'ai fait chez moi.

» Etait-il besoin maintenant de donner la description détaillée de ces fruits? A quoi bon? qui ne les connaît pas? Vous voyez, Monsieur, que sur ce point nous sommes, votre correspondant et moi, bien près de nous entendre.

» Il ne faut pas perdre de vue maintenant que dans mes quarante Poires j'ai voulu indiquer non-seulement les meilleures, mais encore les plus *profitables* ; je souligne ce mot à dessein. Pour faire au reste parfaitement saisir ma pensée, prenons un exemple. Si je n'avais qu'un poirier à planter, je choisirais la Duchesse d'Angoulême. En résulte-t-il que pour moi cette variété soit la meilleure? non ; mais je la regarde comme la plus profitable ; elle est bonne, excessivement et très-régulièrement fertile, d'une beauté exceptionnelle et d'une très-longue garde, en même temps que l'arbre est vigoureux. Voici la clef de toutes mes préférences.

» Si j'ai indiqué le Beurré Goubault au lieu du Beurré superfin, c'est qu'il est excellent dans nos terrains, d'une fertilité extraordinaire et spécialement destiné à former un arbre plein vent, ce que je recherche surtout pour les fruits de l'été et du commencement de l'automne. Il ne faut pas négliger les vergers ; or dans nos pays déjà un peu méridionaux et entourés de montagnes, nous avons à l'arrière-automne des coups de vent si violents, que presque tous nos fruits d'hiver cultivés à plein vent sont abattus, ce qui nous oblige à nous en tenir presque exclusivement aux fruits précoces. Votre correspondant est-il bien sûr, d'ailleurs, que, si j'eusse donné le Beurré superfin au lieu du Beurré Goubault, un autre planteur ne m'eût pas demandé compte de cette préférence? L'Urbaniste ou Beurré Piquery, je l'accorde, est intrinsèquement meilleur que le Beurré Clairgeau ; mais ce dernier est plus beau ; il est de plus excessivement fertile, tandis que le premier l'est très-peu : le Beurré Clairgeau est donc plus avantageux.

» L'Epine du Mas est chez moi meilleure que le Délices d'Hardenpont ; il est plus fertile et préférable pour plein vent. Ce n'est pas avec l'Epine du Mas que j'ai mis en balance le Délices d'Hardenpont ; mais bien avec le Délices de Louvenjoul, et je lui ai préféré ce dernier. Quant à la Baronne de Mello, l'arbre dans nos terrains devient chancreux ; le fruit se tavelle et se gerce ; cette variété, qui a beaucoup de rapport avec le Beurré Gris, en a tous les défauts, et, somme toute, ne le vaut pas.

» J'arrive au dernier paragraphe de la lettre de votre correspondant. Certainement le nombre de quarante n'a rien de *sacramentel*, et l'on peut ajouter, changer et retrancher; je ferai seulement observer que l'idée mère de mon travail est la réduction du nombre des variétés pour n'adopter en définitive que les *meilleures et les plus profitables*; que s'il a quelque mérite, c'est surtout à ce point de vue, ce principe, ou, si l'on aime mieux, ce point de départ admis. Il faut dès lors se fixer à un nombre déterminé; j'ai cru devoir m'arrêter à celui de quarante. Au lieu de ce chiffre, j'aurais adopté celui de cinquante, j'aurais encore eu des contradicteurs. Dans un travail pareil, les bonnes variétés se présentent en foule; la difficulté est dans l'élimination. Ce que je puis affirmer, c'est que je l'ai fait avec tout le soin possible et après plusieurs années d'études comparatives; j'ai fait ailleurs toutes les réserves pour les différences de goûts et de terrains, que j'admets pleinement. Aussi dis-je que, si chaque planteur ne trouve à changer que cinq ou six variétés dans les quarante que je lui propose, il reconnaît par ce fait seul l'utilité de mon travail et lui accorde son approbation.

» J'arrive maintenant à la réponse que je dois faire à M. Charles Baltet.

» Je viens de le dire: qu'un amateur trouve que quarante variétés de Poires ne sont pas suffisantes et qu'il en prenne cinquante, je n'y vois pas l'ombre d'inconvénient. Qu'un autre change quatre ou cinq variétés parmi celles que j'ai indiquées, je n'ai rien à y reprendre; mais sur quoi je ne passe pas condamnation, ce que je soutiens, c'est l'idée capitale et fondamentale de mon travail: qu'il y a avantage et profit, pour tous ceux qui ne veulent pas faire du genre Poirier une étude spéciale ou qui ne tiennent pas à rassembler une collection, à restreindre le nombre des variétés. J'adopterai, si vous voulez, comme points extrêmes, de vingt à cinquante.

» Il me paraît évident que si un planteur, par exemple, a cent arbres à placer dans un jardin, il aura plus d'avantages à répéter trois fois trente-trois variétés bien éprouvées et bien connues, qu'à planter cent variétés différentes; ceci ne me paraît pas susceptible de contestation.

» Peut-on n'avoir qu'une Duchesse d'Angoulême, qu'un Doyenné d'Hiver, qu'un Bon-Chrétien Williams, etc.?

» Aujourd'hui en agriculture on essaie de nombreuses variétés de froment; les agronomes qui se livrent à ces essais font très-bien et méritent d'être encouragés; mais que diriez-vous de celui qui prétendrait que, pour récolter une plus grande quantité de blé, pour avoir le plus de profit possible, il faut semer dans chaque ferme vingt variétés de froment au lieu de deux ou trois parfaitement éprouvées et reconnues avantageuses pour le sol et le climat?

» Prétendre, au reste, avec M. Charles Baltet que 40 variétés ne sont pas suffisantes pour avoir du fruit toute l'année, est une thèse qui n'est pas soutenable. Comment, avec trois variétés, la Duchesse d'Angoulême, le Beurré d'Hardenpont et le Doyenné d'hiver, j'aurai largement du fruit pendant cinq mois, du commencement d'octobre à la fin de février; vous en convenez vous-même dans votre brochure, et avec quarante variétés choisies avec soin, je n'en aurais pas pour toute l'année!

» Les variétés que cite M. Baltet sont bonnes, je le reconnais, mais les unes ne m'ont pas paru aussi avantageuses que celles que j'ai indiquées; les autres ne sont pas, selon moi, assez éprouvées. »

De la nécessité de s'entendre

POUR ARRIVER A UNE DÉNOMINATION ET A UNE CLASSIFICATION EXACTES ET UNIFORMES ([1]).

Tous ceux qui se sont occupés de pomologie se sont vus, dès le début, arrêtés par l'inextricable confusion qui existe dans la classification de nos fruits et l'effroyable synonymie qui tend à présenter comme espèces nouvelles des variétés parfaitement identiques. Le genre poirier surtout offre, sous ce rapport, un vrai chaos où il est bien difficile, pour ne pas dire impossible, de se reconnaître.

On est généralement trop porté à accuser les pépiniéristes de tout ce désordre. Je sais bien que beaucoup d'entre eux semblent mettre leur amour-propre à présenter au public le plus grand nombre de variétés possible, sans s'inquiéter si elles sont bonnes ou mauvaises; que souvent ils induisent les planteurs en erreur par de fausses dénominations. Mais si l'on va au fond de la question, on verra que presque toujours ils sont autorisés à enfler leur catalogue de variétés médiocres ou mauvaises, et à nous présenter une même variété sous trois ou quatre noms différents, par des auteurs qui souvent ont examiné fort superficiellement ou par ouï-dire les fruits qu'ils ont décrits, ou qui décrivent la même variété, les uns sous un nom, les autres sous un autre. Il est même quelques pépiniéristes qui s'attachent, avec un soin scrupuleux et digne d'éloges, à noter, chaque année, les variétés qu'ils ont reconnues identiques, et à diminuer ainsi la synonymie. Je me plais à citer, parmi ces derniers, MM. Leroy d'Angers, Jamin et Durand de Paris, Baltet frères de Troyes. Il serait à désirer que tous entrent franchement dans cette voie.

C'est donc aux nombreuses publications qui ont paru sur le genre poirier, et par conséquent à leurs auteurs, qu'il faut attribuer le mal que nous venons de signaler. Quel remède faut-il y apporter? Je n'en vois qu'un seul : c'est d'admettre une classification qui fasse autorité, et en dehors de laquelle tout soit réputé erreur; mais, dans notre siècle démocratique, il ne faut pas songer à vouloir établir l'infaillibilité d'un auteur; quels que soient ses travaux, son talent et sa science, il ne parviendra pas à s'imposer. Il faut donc que nous travaillions tous à cette classification; alors l'amour-propre étant sauf, elle sera généralement adoptée.

Cette initiative a été prise par le congrès pomologique qui s'est fondé à Lyon en 1856, et qui vient de tenir sa quatrième session à Bordeaux; c'est à ce centre que nous devons nous rallier. Je l'ai fait pour mon compte personnel, et, dans le petit travail que je publie aujourd'hui, j'ai adopté les noms et la synonymie du congrès. Je ne prétends pas, néanmoins, que le congrès soit réellement infaillible et ne puisse se tromper, mais si nous voulons sortir une bonne fois du gâchis dans lequel nous pataugeons, il faut admettre ses décisions et les soutenir jusqu'à rectification de sa part, car le congrès a sagement établi que ses décisions n'auraient rien de définitif et seraient susceptibles de révision; quelques personnes l'en ont blâmé; je l'en félicite pour ma part.

([1]) V. dans le même sens l'article du *Sud-Est* intitulé *Un coup d'Etat en pomologie*, tom. 3, pag. 36.

Je supplie donc les pépiniéristes d'adopter les travaux du congrès, relatifs à la désignation des variétés et à leur synonymie, et, s'ils ne veulent pas s'en tenir uniquement aux espèces adoptées, de les désigner au moins sur leurs catalogues par cette parenthèse (admise par le C. P.). Je demande en outre, à tous ceux qui s'occupent de pomologie, de présenter directement leurs objections au congrès, soit en se rendant personnellement à la prochaine réunion, soit, s'ils ne peuvent se déplacer, en lui adressant, à cette époque, un Mémoire ; mais avec la ferme résolution, dans l'un comme dans l'autre cas, de se rendre si la majorité est contre eux. Je le répète, je ne vois pas de réforme possible hors de cette voie. Il est regrettable, par exemple, de voir un homme d'autant d'expérience et de talent que M. Decaisne, se séparer complétement de cette action commune et publier, parallèlement aux travaux du congrès, une pomologie qui, non-seulement en diffère en beaucoup de points, mais encore dans laquelle il abandonne les anciennes dénominations génériques de Beurré, Doyenné, Colmar, Bon-Chrétien, etc. Il est incontestable cependant que ces désignations représentent, soit une qualité, soit une forme commune à un groupe de fruits ; que maintenant il se trouve quelques variétés plus ou moins mal à propos classées dans tel ou tel groupe, cela doit être, puisqu'elles ont été généralement assez arbitrairement classées et dénommées par les obtenteurs ; mais il n'en est pas moins vrai que le terme de Beurré, par exemple, représente une qualité commune à la majorité des fruits compris dans cette série, comme celui de Doyenné représente immédiatement à l'esprit une forme convenue. J'en dirai autant de ceux de Colmar, de Bon-Chrétien, de Calebasse, etc. C'est à un tel point que, dans les descriptions de fruits, on a adopté les désignations de chair Beurré, de forme de Doyenné, forme de Bon-Chrétien, de Calebasse, etc. Supprimer ces groupes naturels et généralement admis, pour quelques imperfections de détail, c'est apporter une perturbation générale dans la classification des fruits ; c'est augmenter le cahos dans lequel se débat la pomologie, et cela sans compensation et sans aucune chance de faire prévaloir son système. Malheureusement nos jardiniers lisent peu et il est à craindre qu'ils n'étudient pas autant qu'ils le devraient le beau travail de M. Decaisne. En attendant, si vous leur demandez : Connaissez-vous le Goulu-Morceau ([1]), l'Esperen, ils ne sauront ce que vous voulez dire ; tandis qu'ils vous comprendront parfaitement si vous leur nommez le Beurré-d'Hardenpont et la Bergamotte-Esperen, et s'ils ne connaissent pas ces variétés, au moins sauront-ils que vous leur parlez d'une poire. L'ouvrage de M. Decaisne, si remarquable et si consciencieusement fait d'ailleurs, restera comme un ouvrage à consulter pour ceux qui font une étude de la culture des fruits, mais ne se répandra jamais, ne deviendra pas usuel, et j'ai le ferme espoir, au contraire, que chaque année, comme il est arrivé jusqu'à ce jour, des adhérents plus nombreux viendront apporter leur contingent de lumières et d'expériences au congrès, et que ses décisions finiront par faire loi.

([1]) M. Decaisne désigne ainsi le Beurré d'Hardenpont.

TABLEAU

DES 40 POIRES ET DES 8 POIRES A CUIRE ET A COMPOTE,

CLASSÉES PAR ORDRE DE MATURATION.

NOTA. — Les poires à cuire et à compote sont en caractères italiques ; exemple : *Blanquet*. — Les 48 poires, à l'exception de la Royale d'hiver et de la Poire Sarrasin, sont admises par le Congrès pomologique.

Juillet. — Beurré Giffart, Epargne, Doyenné de Juillet, *Blanquet*.

Aout. — Duchesse de Berry.

Août, Septembre. — Bon chrétien Williams, Beurré Goubault.

Septembre.—Louise Bonne d'Avranche, Bonne d'Ezée, Beurré d'Amanlis, Jalousie de Fontenay.

Septembre, octobre. — Seigneur, Frédéric de Vurtemberg, Saint-Nicolas, Beurré Hardy.

Octobre. — Beurré d'Apremont, Saint-Michel-Archange, Fondante des Bois, *Beurré Capiaumont*.

Octobre, **Novembre**. — Duchesse d'Angoulême, Colmar d'Aremberg, Délices de Louvenjoul, Epine du Mas, Bon chrétien Napoléon, *Certeau d'automne*.

Novembre. — Van Mons de Léon Lecler, Nec plus meuris.

Novembre, Décembre. — Beurré Clairgeau, Beurré Diel, Triomphe de Jodoigne.

Décembre, Janvier. — Beurré d'Hardenpont, Passe Colmar, Bonne de Malines, Joséphine de Malines, Beurré de Luçon, Beurré Millet, *Martin sec*.

Janvier. — *Curé*.

Janvier, Février.— Doyenné d'Alençon.

Janvier, Avril. — Doyenné d'hiver.

Février, Mars. — Bon chrétien de Rans, *Catillac*.

Hiver. — *Bon chrétien d'hiver*, *Royale d'hiver*.

Hiver, fin. — *Belle Angevine*.

Hiver jusqu'en Mai. — Bergamotte Esperen, Bergamotte Fortunée.

D'une année à l'autre jusqu'en Juin. — *Sarasin*.

TABLE

PAR ORDRE DE MATIÈRES.

QUATRIÈME SÉRIE.

Deuxième partie.

TABLE ALPHABÉTIQUE DES MATIÈRES.

NOTA. — Les chiffres précédés d'une virgule, et ceux qui sont liés aux précédents par un tiret (, 6-2, 7-5-) indiquent : le premier, le folio ; le second, le paragraphe de la page où l'on doit se reporter. — V. est pour *voyez*.

Une ligne de titre, une suite d'alinéa en tête de page, comptent pour un alinéa.

AVIS ESSENTIEL. — Le caractère des rubriques est un caractère lapidaire, c'est-à-dire sans accent ; il a été préféré parce qu'il est plus visible. En lisant, on devra accentuer, lire par exemple BEURRÉ au lieu de **BEURRE**.

A

B

C

D

E

F

G

H

I

J

K

L

M

N

O

P

Q

R

S

ERRATA.

Page 96, ligne 2, au lieu de : de l'inconvénient de greffer, lisez : *de greffes*.
Même page, ligne 5, au lieu de : sous le cognassier, lisez : *sur le cognassier*.
Même page, ligne 4 en remontant, au lieu de : suffisant pour altérer la sève, lisez : *suffisant pour attirer la sève*.
Page 98, ligne 24, au lieu de : les fruits des vers, lisez : *les vers des fruits*.

FIN.

LIVRES DE PROPRIÉTÉ ET DE FONDS

PUBLIÉS

Par PRUDHOMME, imprimeur-éditeur, à Grenoble.

Tous les ouvrages sont rendus à domicile franco par la poste au prix indiqué. — Joindre à la demande des timbres-poste ou un bon de poste pour le montant de la commande.

Grenoble, ce 1er mai 1860.

AGRICULTURE.

Le SUD-EST, *journal agricole et horticole*, paraissant mensuellement à Grenoble par Nos de 48 pag. in-8°, contenant la matière d'au moins 64 pages ordinaires, plus de 130,000 lettres par N°, avec planches; prix, pour l'année, rendue franco à domicile.... 5 fr.

Ce journal est fondé sur deux idées : la première, *Centralisation des travaux des Sociétés de l'Isère, des articles de tous journaux, propres à ce département, et de tous documents officiels agricoles*; — La deuxième, *Publicité départementale générale*. — Dans ce dernier but, le *Sud-Est* est adressé gratis au principal café de chaque chef-lieu de canton du départemt.

Cette publication, arrivée à son 7e numéro, a été prise sous les honorables patronages des *Sociétés d'agriculture de l'arrondissement de Grenoble* (à laquelle 500 exemplres sont actuellement fournis), *puis de Vienne*, qui a abonné ses membres et toutes les communes, et de la *Société d'horticulture de l'Ain* (à laquelle près de 300 exemplres sont livrés). Ces trois sociétés fournissent ainsi gratuitement le *Sud-Est*, qui contient toutes leurs publications, à chacun de leurs membres. — Cinq années ont paru; prix : 25 fr. — La 6e est en publication.

Petite BIBLIOTHÈQUE économique et rurale, à 25 cent. le vol. de 36 pag. in-18, grand-raisin.

PREMIÈRE SÉRIE, EN VENTE :

N° 1. **INSTRUCTION SUR L'ÉDUCATION DES POULES, DES POULETS, DES CHAPONS ET DES POULARDES**, et les moyens de la rendre lucrative par la production abondante des œufs et l'engraissement de ces volailles. — 1 volume.............................. 25 cent.

N° 2. **ÉDUCATION DES VERS A SOIE**, 1re partie, comprenant l'éclosion des œufs, l'éducation détaillée des vers à soie, la formation et la récolte des cocons, et enfin la production et la conservation de la graine. — 1 volume.............................. 25 cent.

N° 3. **ÉDUCATION DES VERS A SOIE**. Tableau synoptique de toutes les opérations, jour par jour, de l'éducation des vers à soie, contenant en outre : 1° Des conseils pour réussir dans cette éducation, et le moyen de tirer un parti très-avantageux des vers rebutés ; — 2° Une table analytique de toutes les matières renfermées dans le livre N° 2. — 1 feuille inplano pour être collée sur carton...... 25 c.

N° 4. **ÉDUCATION DES VERS A SOIE**, 2e partie, contenant : — Une nouvelle méthode d'éducation abrégée de 8 à 10 jours, nommée méthode Freschi, imitée de la méthode usuelle de la Grèce, qui s'effectue en 24 jours ; — Une explication de l'éducation successive ; — Des observations sur les claies coconnières Davril ; la description de nouveaux procédés de ventilation, appelée *ventilation renversée*, suivant le système de MM. Aribert et Bouvier ; — De l'effet de diverses odeurs sur les vers à soie ; — Observations nouvelles sur la muscardine ; — De la coloration naturelle de la soie ; — De la confection des mort-à-pêche ou racines de Florence, avec des vers rebutés ; — Des races les plus productives. — 1 vol.............................. 25 c.

N° 5. **INSTRUCTION SUR LA CULTURE DU MURIER**. Des diverses espèces de mûrier. — Du sol et du choix du sujet. — Du semis. — De la marcotte et de sa bouture. — Des pépinières. — Des plantations. — De la greffe. — Culture des jeunes mûriers. — Mûriers nains. — Mûriers en haies. — Culture des mûriers adultes. — Récolte des feuilles. — Taille des mûriers. — Maladies des mûriers. — Du mûrier Loup. — 1 vol.................... 25 c.

N° 6. **CULTURE ET CONSERVATION DES POMMES DE TERRE**. Instruction indiquant : 1° Les recherches faites sur les causes de leur maladie, et sur les moyens de la combattre ; 2° les meilleurs procédés propres à prévenir l'invasion du mal et à en arrêter les progrès. — 1 vol.............................. 25 c.

N° 7. **MALADIE DE LA VIGNE**. Instruction résumant les documents publiés jusqu'à ce jour sur l'invasion et le progrès de la maladie de la vigne, ses caractères, ses causes, et sur les divers moyens employés pour la combattre. — 1 vol.............................. 25 c.

N° 8. **PISCICULTURE**. Instruction sur la fécondation et l'éclosion artificielle des œufs de poisson, et sur l'éducation du frai, suivant le procédé de MM. Gehin et Rémy, pêcheurs des Vosges. — Résultats obtenus dans le département de l'Isère. — Rapport à M. le ministre de l'intérieur par M. Heurtier, suivi de celui de M. Coste, du collége de France. — 1 volume.............................. 25 c.

N° 9. **DES ENGRAIS AZOTÉS**, par M. de Gasparin, extrait par M. Gueymard, ingénieur en chef des mines. — Cet extrait contient un tableau comparatif de la puissance de 119 engrais. — 1 vol..... .... 25 c.

N° 10. **DES QUALITÉS ET DE L'USAGE DES BOIS SOUS LE RAPPORT ÉCONOMIQUE ET INDUSTRIEL**, contenant, entre autres, les qualités et les défauts des bois ; leur croissance annuelle en hauteur et en circonférence ; leur pesanteur spécifique; leur force et leur résistance ; leur corruptibilité ; leurs défauts et leurs vices; leur usage, etc. — 1 vol.... 25 c.

N° 11. **DE LA CULTURE ET DE L'AMÉNAGEMENT DES BOIS**. Effets désastreux du déboisement. — Importance de la conservation et du renouvellement des bois. — Du semis. — Plantation des bois. — Culture des bois pendant leur croissance. — Choix des arbres propres aux divers terrains suivant le climat, la nature et les diverses qualités du sol. — Aménagement des bois, bois taillis, bois de haute futaie. — Exploitation des bois. — Jardinage. — 1 vol. .... 25 c.

N° **12. DU DRAINAGE.** Considérations générales sur la nécessité d'assainir les terres. — Procédés actuels. — Du drainage. — Des tuyaux de drainage et de leur fabrication. — Des séchoirs. — Des fours. — Prix de revient. — Des terrains qu'il convient de drainer. — Dispositions à prendre. — Prix de revient du drainage. — Effet. — Encouragement. — Dispositions prises dans le département de l'Isère; par M. Félix RÉAL, ancien conseiller d'État. — 1 vol. .... 25 c.

DEUXIÈME SÉRIE.

COURS ÉLÉMENTAIRE D'HORTICULTURE THÉORIQUE ET PRATIQUE. Ce cours formera 6 numéros, savoir: *Éléments de botanique; — Études des agents qui concourent au développement des végétaux, et multiplication des arbres et arbustes; — Culture du Jardin fruitier; — Culture du Jardin fleuriste ou d'agrément. — Culture du Jardin maraîcher.*

EN VENTE:

N°s **13** et **14. ÉLÉMENTS DE BOTANIQUE**, contenant: l'Anatomie, la Glossologie et la Physiologie végétales; la Taxonomie botanique et la classification des végétaux: suivis d'un Tableau de classification des végétaux appliquée aux plantes les plus généralement cultivées, avec l'indication des ordres selon la méthode de M. de Candolle. — Les 2 numéros, prix .... 50 c.

Ces deux n°s sont épuisés; ils se remplacent par les *Éléments de botanique*, par A. MUTEL; ouvrage orné de 5 planches. — 1 vol. in-18. 1 fr.

N°s **15** et **16. ÉTUDES DES AGENTS QUI CONCOURENT AU DÉVELOPPEMENT DES VÉGÉTAUX; MULTIPLICATION DES ARBRES ET ARBUSTES**, avec l'indication des soins qu'ils réclament avant leur plantation à demeure. — Agents terrestres. — Agents aqueux. — Agents atmosphériques. — De la pépinière. — De la multiplication par semis, boutures, marcottes, greffes. — De la transplantation. — Du recepage. — Du labour. — 1 vol. in-18, avec figures .... 50 c.

N°s **17, 18** et **19. CULTURE DU JARDIN FRUITIER ET DU VERGER.** Du choix du sol et de la distribution du jardin fruitier et du verger. — Des diverses espèces botaniques qui entrent ordinairement dans la plantation d'un jardin fruitier. — Description abrégée des principales espèces d'arbres fruitiers, avec l'indication des variétés les plus dignes d'être cultivées, etc. — Plantation à demeure des arbres fruitiers; leur espacement, le sol qu'ils préfèrent, ainsi que l'indication des principaux travaux à faire après leur plantation. — Taille des arbres fruitiers. — Prix .... 75 c.

N° **20. CONSERVATION DES BOIS ET ÉCOBUAGE**, par M. Émile GUEYMARD, ingénieur en chef, directeur des mines, professeur, doyen à la faculté des sciences; 1 vol. .... 25 c.

N° **21. ÉDUCATION DES POULES**; extrait du *Cours de gallinoculture* de M. Mariot-Didieux, par M. BEAUFORT DE LAMARRE; suivie du chaponnage et de l'engraissement de la volaille dans le Maine et la Bresse .... 25 c.

N° **22. ÉDUCATION DES PORCS.** — Du cochon en général. — De la porcherie. — Du verrat. — De la truie. — Des porcelets. — Des cochons adultes. — De leur alimentation. — De l'engraissement. — Des diverses races. — Des frais et produits; par M. P. DE M., avec figures .... 25 c.

N° **23. ÉTUDE SUR LES ENGRAIS COMPOSÉS et sur leur utilité en agriculture.** — Guano des Alpes; nécessité des engrais; fabrication, sophistication, division en deux classes, composition; désinfection, effet; emploi du guano, mode; du terreau; engrais verts; distinction du sol pour l'emploi des engrais; quantité par hectare; mélange du guano avec le plâtre; mélange du sel avec le guano; action du sel dans les engrais; vérification des engrais; par M. DE LAVALETTE; prix .... 25 c.

Apiculture.

ANESTHÉSIE ou Asphyxie momentanée des Abeilles, contenant le moyen de la pratiquer et ses inconvénients, avec figures; par M. HAMET; prix .... 40 c.

CULTURE DES ABEILLES dans une nouvelle ruche à étages, comprenant: l'histoire naturelle de ces insectes, leurs curieux travaux et leur admirable instinct; la construction d'une ruche à étages, dans laquelle, par des récoltes d'été, on peut se procurer du miel parfaitement blanc; la manière de gouverner les ruches et les soins à donner aux abeilles pendant l'année; la manipulation et l'usage du miel et de la cire; calendrier de l'apiculteur; par M. DUVERNAY aîné; 1 vol. in-8. .... 3 fr.

PETIT TRAITÉ D'APICULTURE ou **art de soigner les abeilles**, contenant des notions succinctes de leur histoire naturelle, le gouvernement des essaims, l'emploi des ruches les plus avantageuses, la manière de façonner le miel, la cire et l'hydromel; avec 30 figures dans le texte; par M. HAMET; prix 60 c.

Sériciculture.

ACÉTROPHIE ou GATTINE DES VERS A SOIE; nouveaux et importants détails sur cette maladie; conseils pour régénérer les vers et se débarrasser du fléau; par M. CHARREL; prix .... 2 fr.

ÉDUCATION RÉGÉNÉRATRICE EN PLEIN AIR; différentes phases de température par lesquelles les vers à soie ont passé; degré de dégénérescence des races élevées dans nos pays; nouveaux et importants détails sur l'*acétrophie*; mode pour connaître les papillons sains et les malades, la bonne et la mauvaise graine; prix .... 1 fr.

GATTINE DES VERS A SOIE ou **Étude des causes du fléau qui a frappé plus ou moins les éducations de 1856**; — opinion de M. Charrel sur la maladie; dégénérescence du bombyx séricaria; causes de la dégénérescence; régénérescence des œufs; essais d'éducations naturelles; éducation à basse température, etc., etc.; prix .... 75 c.

MÉTHODE ANDRÉ JEAN. Rapport à l'académie des sciences sur le mémoire de M. André Jean, relatif à l'amélioration des races de vers à soie, par M. DUMAS, de l'Institut; — prix .... 50 c.

PETIT TRAITÉ DE SÉRICICULTURE; éducation des vers à soie; culture du mûrier, etc., d'après Dandolo, Matthieu Bonnafous, Camille Beauvais, Louis Leclerc et nos meilleurs sériciculteurs, orné de 16 figures intercalées dans le texte; par M. HAMET; prix 50 c.

Voir dans la *Petite Bibliothèque rurale* les n°s 2, 3, 4, 5.

Parties diverses.

ALMANACH DU SUD-EST (journal agricole et horticole), contenant: — 1° les travaux de chaque mois en agriculture et horticulture; — 2° l'Éducation des porcs, par M. P. DE M.;

— 3° l'Education des poules d'après M. Mariot-Didieux, par M. BEAUFORT DE LAMARRE; — 4° du Chaponnage et de l'engraissement de la volaille dans le Maine et la Bresse, par MM. LETRONNE et CHANEL; — 5° l'Education des canards et des dindons, par M. JOIGNEAUX; — 6° les Chevaux et les Bœufs considérés au point de vue du travail agricole, par M. DE RIVOIRE-LABATIE; — 7° Culture du melon, méthode Loisel, suivie de trois autres méthodes; — 8° Défrichement des prés. — 1 vol. in-16, prix .... 50 c.

DES ESCARGOTS au point de vue de l'alimentation, de la viticulture et de l'horticulture, par le docteur EBRARD; in-8°, prix 75 c.

ÉTUDE SUR L'INONDATION DE GRENOBLE du 2 novembre 1859, avec les lignes figuratives des variations de la hauteur de l'Isère et de la température mesurées chaque jour à midi, par M. C. BERTRAND, membre de l'association polytechnique. — Un vol. in-8°, prix .... 75 c.

FÉCONDATION ET ÉCLOSION ARTIFICIELLES DES ŒUFS DE POISSONS, et de l'éducation du frai, suivant le procédé de M. Rémy et Gehin, pêcheurs des Vosges, d'après les renseignements fournis par M. Gehin, recueillis et mis en ordre par C.-E. P. GODENIER, pêcheur; prix............ 1 fr.

INSTRUMENTS ET PROCÉDÉS AGRICOLES, inventés ou perfectionnés, et mis en usage par J.-B. Faure, carrossier à Grenoble; suivis de l'Analyse des terres végétales de sa ferme; d'une Notice sur son procédé de fabrication des engrais, par M. E. Gueymard; d'un Rapport d'une commission de la société d'agriculture de l'arrondissement de Grenoble sur les résultats de culture obtenus par M. Faure, et d'une Note sur la manière de drainer qui a le mieux réussi; in-8° de 16 pages............................ 30 c.

MANUEL D'AGRICULTURE, par demandes et par réponses, à l'usage des écoles primaires et des propriétaires ruraux; par M. E.-J. DE BRUNO; 3e édition, prix...... 40 c.

DES POULES ou RÉFORMATION DE LA BASSE-COUR, par M. BEAUFORT DE LAMARRE, contenant: énumération et qualités des espèces; de la nourriture; de la ponte; de la récolte des œufs; du coq; de la poule pondeuse; de la couveuse; de l'éducation des poussins; du poulailler; de l'engraissement par les ménagères; des maladies; tableau synoptique des caractères qui distinguent 39 variétés des poules les plus estimées, par M. Paul Letrône; prix .... 75 c.

QUARANTE POIRES POUR LES DIX MOIS DE JUILLET A MAI. — Monographie divisée en quatre série de dix poires, dont la maturation s'effectue pendant chacun des mois de juillet à mai; contenant le nom et la synonymie des poires, leur description et celle de l'arbre; le mode de culture; l'indication de l'origine et l'époque de la cueillette du fruit, avec la silhouette de chacun, dessinée d'après nature et de grandeur naturelle, suivie de considérations générales sur la culture du poirier, par M. P. DE M.; 2e édition, imprimée avec luxe et augmentée de la description d'une série de poires à cuire et à compote. — 1 vol. in-8°, prix, rendu franco à domicile. 3 fr. 50

RELIGION.

ACTE HÉROIQUE DE CHARITÉ envers les âmes du purgatoire, proposé à la générosité des fidèles, grand in-32 de 16 pag....... 5 c.

APPEL AUX HABITANTS DES CAMPAGNES: faites vos emplettes la semaine, non le dimanche; in-32 de 4 pag................ 1 c.

CHEMIN DE LA CROIX; in-32 illustré. 15 c.

CHEMIN DE LA CROIX; extrait du *Guide du jeune homme au collége et dans le monde*, par le père B. VALUY; in-18 illustré........... 5 c.

GUIDE DE L'AME QUI CHERCHE DIEU, ou Préparation à une bonne confession et à une sainte communion; extrait du *Guide du jeune homme au collége et dans le monde*, par le père B. VALUY; éd. illustrée, in-18.......... 15 c.

GUIDE DU JEUNE HOMME DANS L'ACCOMPLISSEMENT DE SES DEVOIRS comme écolier et comme chrétien; idem, idem...... 15 c.

GUIDE DU JEUNE HOMME DANS L'ACCOMPLISSEMENT DE SES DEVOIRS RELIGIEUX, id., id............................ 15 c.

GUIDE DU JEUNE HOMME AU COLLÉGE ET DANS LE MONDE, par le père Benoît VALUY, de la Compagnie de Jésus: instructions sur la vie séculière du jeune homme au collége, dans sa famille et dans le monde; sur l'esprit de famille et les défauts opposés à cet esprit; sur les devoirs de société, etc.; il contient, en outre, les offices des fêtes et dimanches, les proses en usage, des explications sur les principales cérémonies religieuses, etc., etc. — Cet ouvrage, d'un format très commode, est le petit nécessaire du jeune homme, qui le gardera toujours avec lui et le consultera en toute occasion. — 1 vol. gr. in-32, beau papier............................ 1 fr. 50

Papier ordinaire........................ 1 fr.

Reliure dorée sur tranche. . 75 c. en sus.

GUIDE DU JEUNE HOMME DANS LE MONDE, ou Devoirs et politesse en société, id., id. 15 c.

GUIDE DU PÉLERIN A ARS, ou Vie de M. J.-B. Vianey, curé d'Ars; ses miracles et sa charité; suivi de l'emploi prodigieux de son temps pendant tous les jours de l'année, et terminé par une Neuvaine à Ste Philomène; in-18............................ 25 c.

NOTA. Nous appelons l'attention des personnes pieuses sur la *Neuvaine de Ste Philomène*; elle a pour motif la charité; elle procède de l'amour du prochain à l'amour de Dieu.

LES DERNIÈRES HEURES de J.-M.-B. VIANEY, curé d'Ars, ses paroles, sa résignation à la volonté de Dieu, sa mort dans la nuit du 4 août 1859, ses funérailles. — In-18 .. 15 c.

MOIS DE MARIE, trente-trois chœurs religieux, hymnes et cantiques à trois voix égales, avec accompagnement d'orgue ou de piano et de contre-basse non obligée, composé pour les maisons religieuses, les pensionnats et les écoles de musique, paroles de M. DRAILLAT, musique de M. ARNAUD; dédié par les auteurs à Mgr l'évêque de Grenoble, et revêtu de son approbation. — 1 beau vol. grand in-4°, de plus de 300 pages.

Avec les accompagnements........ 20 fr.

Sans les accompagnements........ 15 fr.

Chaque partie de chant détachée, formant un volume in-8°, et contenant les 33 numéros, se vend séparément................ 2 fr. 25

La célébration du mois de Marie se répand de plus en plus, et jusqu'à ce jour aucun chant spécial, pour cette cérémonie, n'a été mis à la disposition des fidèles, qui se voient obligés de recourir à des cantiques dont le moindre inconvénient est de ne pas avoir rapport au mois de Marie.

Nous croyons être agréables aux fidèles en leur présentant un recueil qui joint à une belle poésie le mérite d'une musique empreinte d'un caractère religieux bien senti et vierge de toute pensée mondaine. L'idée poétique de cet ouvrage est développée sur un plan tout à fait neuf; l'auteur en a dressé le cadre sur la vie de la sainte Vierge; il a divisé son sujet en trente-un points principaux, en sorte qu'à chaque soir du mois de Marie on voit se dérouler une scène de ce drame admirable; ce qui forme 33 hymnes, dont la plupart peuvent être chantées dans le courant de l'année, aux grandes fêtes, telles que Noël, Pâques, l'Ascension, la Pentecôte, l'Assomption, etc., etc. En un mot, Marie ayant souvent accompagné son fils, cet ouvrage est presque une histoire de N. S. J.-C., considérée par rapport à Marie.

La poésie complète est imprimée en tête de l'ouvrage. — Chaque morceau, avec accompagnement de piano, se vend séparément.

NOUVEAU RECUEIL DE CANTIQUES, à l'usage des paroisses et des communautés, imprimé par ordre de Mgr l'Evêque de Grenoble; 1 vol. in-18, cartonné; prix................ 90 c.

UN ORATOIRE A MARIE, suivi des indulgences attachées aux pratiques de dévotion envers la sainte Vierge; 8 pag. in-32, illustré, prix.................................. 2 c.

UN PÉLERINAGE A LA SALETTE au milieu d'août 1855; prix...................... 60 c.

PRATIQUE EN L'HONNEUR DE ST-FRANÇOIS XAVIER, apôtre des Indes; in-18...... 30 c.

RÈGLEMENT DE VIE POUR LES DAMES, ou Devoirs de chaque jour, chaque semaine, chaque mois et chaque année; avis particuliers; in-18............................ 1 c.

RÈGLEMENT DE VIE POUR LES HOMMES, ou Devoirs de chaque jour, chaque semaine et chaque année; avis particuliers; in-18, prix.................................. 1 c.

LE SAINT SACRIFICE DE LA MESSE, ou préparations à entendre une sainte messe; in-32.................................. 2 c.

DROIT ADMINISTRATIF.

Ouvrages généraux.

FORMULAIRE DE DIX ANS, ou Supplément au *Formulaire municipal*, 1re édit., par E. Miroir et Ch. Jourdan, et à tous les manuels municipaux, et TABLE DÉCENNALE alphabétique et analytique de toutes les matières administratives survenues depuis le 1er janvier 1834, contenues dans les dix années, première série du *Répertoire administratif*, journal complémentaire du *Formulaire municipal*; renfermant, en outre, les formules des actes qui se rapportent à ces matières, par F. CROZET, avocat; précédé d'un CALENDRIER MUNICIPAL PERPÉTUEL, indiquant, pour chaque jour, les travaux que les maires ont à accomplir à des époques déterminées. — In-8o....... 8 fr.

FORMULAIRE MUNICIPAL, par E. MIROIR et Ch. JOURDAN, 2e édit., revue et mise en harmonie avec la législation et la jurisprudence actuelles. Six forts vol. in-8o, prix. . 48 fr.

Cet ouvrage contient, dans 1233 articles ou traités différents, classés par ordre alphabétique, — *tout le droit ancien encore en vigueur*, — *tout le droit nouveau*: lois, décrets, ordonnances, instructions ministérielles, et jurisprudence du conseil d'Etat, de la cour de cassation, etc., depuis 1789 jusque fin 1843, en ce qui concerne la partie administrative; et un RECUEIL complet de FORMULES des actes qu'on peut rédiger dans une mairie.

RÉPERTOIRE ADMINISTRATIF, journal complémentaire et continuation du *Formulaire municipal*, contenant, par ordre chronologique, tous les actes officiels administratifs qui font suite à la législation recueillie dans le *Formulaire*; des développements, instructions, commentaires et formules sur tout ce qui ressort de l'administration municipale, et le DICTIONNAIRE DE JURISPRUDENCE ADMINISTRATIVE du conseil d'Etat, de la Cour de cassation, des cours d'appel, etc., etc., par plusieurs jurisconsultes et fonctionnaires; 1 vol. in-8o par an, paraissant par livraisons mensuelles de 32 ou 64 pages; prix, franc de port par la poste, 8 fr. pour les souscripteurs à partir d'octobre 1854, et 6 fr. pour les abonnés antérieurs et pour les acquéreurs de la *Collection toujours complète*.

Cette publication se divise en trois séries: la première comprend dix ans, de 1834 à 1843, et forme onze volumes, en y comprenant la *Table décennale*; prix, rendue franco par le roulage, 48 fr. Elle fait suite à la 1re édition du *Formulaire*.

La deuxième série comprend dix ans, de 1844 à 1853, et forme dix volumes; prix, franco, 60 fr. La TABLE des deux premières séries ou de VINGT ANS est sous presse. La deuxième série fait suite au *Formulaire municipal*, 2e édition.

La troisième série est en cours de publication; elle commence en 1854; prix de l'année, 8 fr. pour les nouveaux souscripteurs, et 6 fr. pour les fondateurs. La troisième série fait suite à la deuxième édition du *Formulaire municipal*, au *Nouveau Formulaire de dix ans*, et à la *Procédure administrative*.

TABLE VICENNALE des dix premières séries du *Répertoire administratif*, de 1834 à 1853; in-8o, 8 fr. (Sous presse.)

PROCÉDURE ADMINISTRATIVE. Recueil contenant par ordre alphabétique de matières, et d'après le texte des lois, ordonnances, décrets, arrêtés et instructions ministérielles actuellement en vigueur, **l'indication des attributions** des divers fonctionnaires administratifs, des règles à suivre, des formalités à remplir et des pièces à produire pour l'instruction des affaires soumises à l'examen et à la décision des Ministres, Préfets, Sous-Préfets, Conseils de préfecture, Conseils municipaux, Maires, Adjoints, et autres Fonctionnaires; extrait du *Formulaire municipal*, 2e édition, et du *Supplément du Formulaire* qui est sous presse; terminé par une **Table chronologique** et une **Table analytique**, complété par le *Code de l'organisation et des Elections municipales*, par F. CROZET, avocat, avec le concours de la **Rédaction du Répertoire administratif**; 2 vol. in-8o, prix.......... 8 fr.

NOUVEAU FORMULAIRE DE 10 ANS ou Supplément à la 2e édition du *Formulaire municipal*. — 2 vol. in-8o. (Sous presse.)

NOTA. — *Ces six ouvrages, par leur combinaison, forment les* **Collections toujours complètes de la législation municipale.**

JOURNAL de la Cour impériale de Grenoble, des tribunaux et conseils de préfecture du ressort, paraissant le 20 de chaque mois, rendu franco, prix.................. 10 fr.

Collection de Codes.

CODE-FORMULAIRE DE LA CHASSE, contenant: la Loi du 3 mai 1855; — les Instructions des ministres de l'intérieur, du 9 mai 1844, de la justice, du 20 mai 1844; — les Formules: d'avis du maire pour la délivrance d'un permis de chasse, du registre des avis pour permis de chasse, — de six sortes de procès-verbaux de délits de chasse, d'ordonnance pour la remise du gibier saisi, — de procès-verbal pour emploi de drogues ou appâts nuisibles au gibier. — 1 vol. in-18. — prix.......................... 50 cent.

CODE DES ÉLECTIONS des Députés au corps législatif, et des Membres des conseils généraux de département et des conseils d'arrondissement, contenant les lois, décrets et instructions qui régissent ces opérations.—In-8°, prix.......................... 1 fr.

CODE FORESTIER, suivi de l'ordonnance d'exécution et d'une Table alphabétique et analytique des matières. — 1 vol. in-32, gros caractères.......................... 50 cent.

CODE-FORMULAIRE DE LA GARDE NATIONALE ET DES SAPEURS-POMPIERS, contenant toute la législation antérieure au 2 décembre 1852; toute celle postérieure à cette date; et enfin tous les documents officiels, lois, décrets, etc., relatifs aux *Sapeurs-Pompiers* et à la création de caisses municipales de secours et pensions à leur accorder, ainsi qu'à leurs veuves et enfants. — 1 vol. in-8°, contenant la matière d'un fort vol.............. 1 fr. 50

CODE DE LA GENDARMERIE, ou Décret du 1er mars 1854, portant règlement sur l'organisation et le service de la gendarmerie, savoir: les dispositions réglementaires du service et les rapports avec les autorités civiles et militaires, suivi d'une Table analytique des matières. — In-8°, tiré à très-petit nombre, prix.......................... 2 fr.

CODE DES INSTITUTEURS PRIMAIRES. — 1 vol. in-8°.......................... 1 fr. 50

CODE DE L'ORGANISATION ET DES ÉLECTIONS MUNICIPALES, annoté de l'**Exposé des motifs**, du **Rapport de la commission**, de la **Jurisprudence** et des **Instructions ministérielles**, contenant: la **Loi sur l'organisation municipale**, du 5 mai 1855; — le **Titre II**, concernant les électeurs et les listes électorales, du décret organique du 2 février 1852, et le **Titre Ier**, concernant la révision des listes électorales, du décret du même jour; — le **Tableau synoptique des incapacités** prononcées par le décret organique du 2 février 1852; — le **Décret du 22 juin 1855**, relatif aux élections pour le renouvellement intégral des conseils municipaux; — la **Circulaire du ministre de l'intérieur**, du 24 juin 1855, contenant des instructions relatives aux nouvelles élections; terminé par une **Table** alphabétique et analytique. Précédé de l'**Histoire des communes**, par la commission chargée du rapport sur la loi. 1 vol. in-8°, prix.......................... 1 fr. 50

CODE-FORMULAIRE DES PATENTABLES, contenant: 1re partie, l'instruction générale de la direction générale des contributions directes sur les patentes; — 2e partie, résumé des lois, règlements et décisions concernant la présentation, l'instruction et le jugement des réclamations en matière de contributions directes; — 3e partie, la législation qui régit les commerces, industries et professions qui sont réglementés. — (Sous presse).

CODE-FORMULAIRE DES PENSIONS CIVILES, ou **Manuel** des fonctionnaires soumis à la retenue et ayant droit à la pension de retraite, contenant: la Loi du 9 juin 1853, annotée, et précédée d'une Notice historique; — le Décret du 9 novembre 1853; — les Circulaires ministérielles sur cette législation, et les Tableaux y annexés; — une Circulaire de M. le receveur général de l'Isère, portant instruction sur le nouveau service de la rétribution scolaire et sur les retenues pour pension, avec 56 modèles de mandats de paiement, faisant suite à l'*Agenda des receveurs municipaux*. — 1 vol. in-8°, prix.......................... 1 fr. 50

CODE-FORMULAIRE DE LA POLICE DU ROULAGE ET DES MESSAGERIES, ET DE L'IMPOT SUR LES VOITURES PUBLIQUES, contenant: tous les Documents officiels sur cette importante matière, annotés; — la Corrélation des articles de la loi avec ceux du règlement; — la Législation et la Jurisprudence annotées, relatives à l'assiette de l'impôt; — le Tableau synoptique et alphabétique des contraventions; — 23 Formules de procès-verbaux; — enfin, une Table chronologique et une Table analytique et alphabétique. — 1 vol. in-8°, prix.......................... 1 fr. 50

TABLEAU SYNOPTIQUE ET ALPHABETIQUE DES CONTRAVENTIONS A LA POLICE DU ROULAGE, présentant au premier coup d'œil, pour chaque contravention possible, l'article de la loi qui la détermine et celui qui la punit, la peine encourue et la juridiction qui prononce. — Ce Tableau est imprimé en forme de placard. — Une feuille et demie in-plano. 1 fr.

CODE-FORMULAIRE DU POSSESSEUR DE CHIENS et D'ANIMAUX NUISIBLES OU INCOMMODES, contenant: 1° La Loi, le DÉCRET et les INSTRUCTIONS des ministres de l'intérieur et des finances, du directeur de la comptabilité générale et du directeur général des contributions directes, et leurs modèles relatifs à l'impôt sur les chiens; avec ANNOTATIONS et CITATIONS ENTIÈRES des DOCUMENTS OFFICIELS nécessaires pour l'interprétation et l'exécution de la Loi et du Décret; — Avec FORMULES des Actes à accomplir en la matière, notamment par les MAIRES, PERCEPTEURS et RECEVEURS MUNICIPAUX; — Avec INDICATION OFFICIELLE de la MARCHE à suivre pour les Réclamations contre l'impôt; — Enfin, avec MODÈLES des PÉTITIONS à présenter, des RÉSERVES pour se pourvoir et des POURVOIS à former devant le Ministre ou le Conseil d'Etat; 2° la LÉGISLATION et la JURISPRUDENCE relatives aux mesures dont les chiens et les animaux nuisibles ou incommodes doivent être l'objet dans l'intérêt de la sûreté, de la sécurité et de l'hygiène publiques, précédées de la Législation textuelle qui confère aux Maires le pouvoir de réglementer ces matières, suivies de Modèles et de Formules d'Arrêtés à prendre à ce sujet, et de Formules de Procès-verbaux à dresser pour constater les contraventions, et terminées par une Table chronologique des actes officiels, et d'une Table analytique des matières renfermées dans l'ouvrage; par la rédaction de la *Bibliothèque municipale*. — 1 vol. in-8°.......... 1 fr. 50

CODE-FORMULAIRE DE LA TAXE SUR LES CHIENS, contenant (1re partie): la loi et le décret relatifs à cette taxe; des notes et commentaires, et citations des documents officiels nécessaires pour l'interprétation et l'exécution de la loi et du décret, la classification précise des chiens dans la 1re ou dans la 2e classe, et des formules; — (2e partie), la jurisprudence du Conseil d'Etat renfermant 94 arrêts sur diverses questions de classement des chiens ou de paiement de l'impôt, annotés d'observations sur les chiens assimilés aux chiens de chasse, les chiens de petite taille, les chiens d'infirmes, les chiens impotents; — sur la nécessité des chiens de garde dans les lieux populeux; — sur les chiens tenus à l'attache; — sur la foi due aux déclarations; sur la question de savoir si un maire a qualité pour se pourvoir contre un arrêt du conseil de préfecture qui décharge un contribuable. — Par la rédaction de la *Bibliothèque municipale*. — In-8°. 1 fr.50

CODE DE LA POSTE AUX LETTRES DANS LES RAPPORTS DE LA POSTE AVEC LE PUBLIC; contenant les tarifs des lettres simples, des imprimés et échantillons, et des chargements, ainsi que la législation, instruction et avis concernant ces matières; par la Rédaction de la *Bibliothèque municipale*. — Prix, rendu franco dans toute la France.................... 50 c.
Edit. de luxe, dorée sur tranche..... 75

CODE-FORMULAIRE DU RECRUTEMENT en ce qui concerne l'engagement, le rengagement et le remplacement sans ou avec prime, comprenant : toutes les dispositions législatives qui régissent ces contrats, classées par ordre méthodique et résumées dans un tableau synoptique; — les lois, ordonnances et décrets qui régissent ces matières ou s'y rapportent; — l'indication des pièces à produire par les jeunes gens pour l'accomplissement des contrats;— les formules de ces pièces et des actes à passer, — terminé par une table analytique; — Par la Rédaction de la *Bibliothèque municipale*. — Prix, rendu franco à domicile............................ 1 fr. 50

CODE-FORMULAIRE DES SOCIETES DE SECOURS MUTUELS, contenant : les Lois, Décrets, Instructions ministérielles, et Modèles, publiés par le gouvernement, pour la création de ces sociétés dans toutes les communes; — un Précis historique de l'organisation des Sociétés MÈRES de Grenoble; — 19 Modèles des imprimés en usage pour le roulement de ces dernières et le compte de ce qu'ils coûtent; — le Devis des dépenses d'agencement d'une salle de réunion; — le Plan de la distribution de la salle; — enfin, les Statuts et le Règlement intérieur de la Société de secours mutuels de Paris présidée par M. Troplong. — Publication du présent Code approuvée par la commission supérieure instituée au ministère de l'intérieur.— 1 vol. in-8°, prix. 1 fr. 50

CODE DE LA VOIRIE de la ville de Grenoble. — In-8°, prix......................... 1 fr.

Ouvrages spéciaux.

AGENDA POUR LES RECEVEURS MUNICIPAUX, suivi de **Notes** complémentaires pour les receveurs spéciaux. — 1 vol. in-8°, grand raisin, prix.......................... 8 fr.

L'*Agenda* est l'ouvrage sur la **comptabilité communale** et **hospitalière** le plus complet, le plus commode qui existe; il est la **codification** de cet important service par **ordre méthodique** de matière, par **ordre chronologique**, et par **ordre analytique** et **alphabétique**, depuis les principes les plus relevés jusque dans les plus petits détails matériels.

Quoique publié sous le titre de jurisprudence du conseil de préfecture de l'Isère, l'*Agenda* convient aux **ordonnateurs, comptables** et **juges** de tous les départements. En effet, dès lors que ce Recueil reproduit la **législation** et la **jurisprudence** qui règlent la comptabilité municipale et hospitalière, il est à l'**usage de la France entière.**

Nous pouvons même affirmer qu'il est indispensable à tous les ordonnateurs, payeurs, juges et fonctionnaires administratifs, puisque c'est le **CHOIX des dispositions officielles actuellement en vigueur**, extraites de plus de **300** documents, lois, décrets, ordonnances, arrêts, etc., etc., publiés depuis **1790** jusqu'en mars 1856 : documents contenant des milliers de prescriptions qui se confirment, se modifient ou se détruisent les unes les autres.

On conçoit les services que rend ce travail, **fruit** de plus de **20 ans** de recherches et de pratique, qui vous reporte pour les solutions d'une question quelconque à la règle qu'on a instantanément sous les yeux et qu'il ne reste qu'à appliquer. C'est la **certitude** qui succède **au doute** quand il y a examen. Hors l'*Agenda*, point d'unité, point d'harmonie, puisque les praticiens, en présence d'immenses **documents** inabordables, n'ont **généralement pour guide** que leur plus ou moins d'**expérience.**

Nous ajouterons que l'*Agenda* contient **encore** beaucoup de solutions qui résultent **de la** combinaison de diverses dispositions **entre** elles, solutions qui ne se trouvent **textuellement** nulle part. Tel est l'article sur les **crédits** que les conseils de préfecture peuvent **admettre** comme étant de **droit**, ce qui **dispense** l'administration de formalités **gênantes multipliées.**

Cet ouvrage, enfin, est d'autant plus **utile** qu'il **n'existait rien de semblable**, si ce **n'est**, comme nous l'avons dit, les documents **originaux** épars dans les immenses **collections** des lois et décrets, des décisions **ministérielles**, et de la jurisprudence des **tribunaux** administratifs et civils.

Aussi ce travail a-t-il été honoré de **deux** lettres approbatives de M. le Directeur **de la** comptabilité générale du ministère des **finances**, et a-t-il valu à son auteur la **distinction** la plus flatteuse ; il a été rendu **exécutoire** dans plusieurs départements, notamment **dans** celui du Rhône.

DES CONTRAVENTIONS, DES DELITS ET DES PEINES, ou législation sur les **contraventions** et les peines en matière de simple police, ouvrage annoté des lois corrélatives et de la **jurisprudence** de la Cour de cassation **jusqu'à** ce jour; suivi d'un Recueil complet de **règlements** de police, par E.-M.-M. MIROIR. — 2 2 vol. in-8°, prix.......................... 13 fr.

LEGISLATION sur les CONTRAVENTIONS et les PEINES en matière de simple police. — **Un** grand placard de 2 feuilles, contenant la **matière** d'un in-12...................... 1 fr. 50

LOI et INSTRUCTION sur les chemins vicinaux. — 1 vol. in-8°, prix........... 1 fr. 25

LOIS D'INTÉRÊT GÉNÉRAL, comprenant : lois sur l'ordre judiciaire, portant modification des articles 692, 696, 717, 749, 779 et 838 du Code de procédure (21 mai 1858); sur la transcription en matière hypothécaire (23 mars 1855); sur les sociétés en commandite par actions (17 juillet 1856); sur les droits de transmission des actions et obligations de société (23 juin 1857); sur les usurpations de titres (28 mai 1858); pour garantir les villes des inondations (28 mai 1858). — Un vol. in-18, prix, rendu franco................ 50 c.

DU TIMBRE des pièces de comptabilité **des** communes et des établissements de bienfaisance, et par qui doivent être payés les timbres et les amendes qui s'y réfèrent, avec Tables très-détaillées. — In-8° de luxe. 2 fr. 50

TRANSCRIPTION HYPOTHECAIRE. — COMMENTAIRE sur la LOI du 25 MARS 1855, par M. A. BOURNE, juge de paix, ancien avoué, etc., ouvrage contenant : la **Loi du 23 mars 1855**, et les **Décrets et Instructions relatifs à** son exécution; — **L'Exposé des principes généraux** sur la matière et la solution des questions que soulèvent les dispositions définitives et transitoires de la loi ; — la **Concordance** des dispositions de cette loi avec celles **de la** loi du **3 mai 1841** sur l'expropriation **pour** cause d'utilité publique; — **L'Exposé des motifs**, le **Rapport** et la **Discussion** au corps législatif. — 1 vol. in-8°, prix.......... 2 fr.

DES AFFOUAGES, par M. BRAFF, sous-chef au ministère de l'intérieur. — Cette brochure comprend les lois, la jurisprudence et les circulaires ministérielles qui régissent la matière. — In-8°, prix .... 50 c.

DES BIENS COMMUNAUX, par le même, comprenant les lois, la jurisprudence et les circulaires ministérielles qui régissent la matière. — In-8°, prix..................... 1 fr.

OUVRAGES SUR LE DAUPHINÉ.

ALBUM DU DAUPHINÉ, Recueil de dessins représentant les sites les plus pittoresques, les villes, bourgs et principaux villages, les églises, les châteaux et ruines les plus remarquables du Dauphiné, etc., par MM. CASSIEN et DEBELLE. Cet ouvrage est accompagné d'un texte historique et descriptif, par une société de gens de lettres de Grenoble, 1836-1840. — 4 vol. in-4°, imprimés avec luxe sur très-beau papier gr.-raisin, prix.............. 80 fr.

Chaque volume se compose de 48 dessins et 24 à 25 feuilles de texte. — Il reste très-peu d'exemplaires de ce bel ouvrage.

ANTOINE, ou le Dauphiné au XVIIIe siècle, roman historique, par M. A DURAND. — 4 vol. in-12, prix.......................... 6 fr.

L'auteur passe en revue, dans cette œuvre, tous les événements qui ont marqué, pendant la révolution, dans notre ancienne province; c'est l'histoire de cette époque en ce qui concerne le Dauphiné.

CATALOGUE des Coléoptères qui se trouvent dans les montagnes de la Chartreuse. — In-8°, très-beau papier, prix.............. 1 fr. 50

CATALOGUE méthodique des corps organisés fossiles de l'Isère, avec description des espèces nouvelles, par le docteur Albin GRAS. — In-8°, avec planches................. 5 fr.

NOTA. Il n'a été mis que 20 exemplaires de cet ouvrage dans le commerce.

CONSIDÉRATIONS sur les anciens lits de déjection des torrents des Alpes, et sur leur liaison avec le phénomène erratique, par M. Scipion GRAS, ingénieur en chef des mines. — In-8°, prix.......................... 1 fr. 50

DESCRIPTION des Mollusques fluviatiles et terrestres de la France, et plus particulièrement du département de l'Isère; ouvrage orné de planches lithographiées avec le plus grand soin, représentant les figures de plus de 140 espèces, et divisé en deux parties, renfermant : 1° la description des mollusques de l'Isère; 2° la description des autres espèces qui se rencontrent dans le reste de la France, par M. Albin GRAS. — 1 vol. in-8°...... 5 fr.

DESCRIPTION des Oursins fossiles du département de l'Isère, précédée de Notions élémentaires sur l'organisation et la glossologie de cette classe de zoophytes, et suivie d'une Notice géologique sur les divers terrains de l'Isère; ouvrage orné de 6 planches représentant 45 espèces nouvelles ou non encore figurées, et d'une planche géologique. — 1 vol. in-8°.......................... 6 fr.

DESCRIPTION pittoresque de la Grande-Chartreuse, souvenirs historiques de ses montagnes et de son couvent, et Recueil des pensées inscrites sur son Album, par Châteaubriand, Lamartine, Mme de Staël, etc., etc., par M. Auguste BOURNE; suivis de Notes sur la géologie, les fossiles, la zoologie, la conchyliologie, les coléoptères, et la Flore de ces localités, extraites des œuvres de MM. Lory, Albin Gras, Villars et Mutel, d'une Notice sur Grenoble et ses environs, d'un État de toutes les voitures à service régulier, des hauteurs barométriques des principaux lieux environnant Grenoble, d'un article de bibliographie locale, et d'une Table analytique contenant des Notes sur les moyens de transport et sur les routes qui donnent accès à la Grande-Chartreuse, avec huit vues et une carte itinéraire. — Prix............ 3 fr. 50

ÉLÉMENTS de Botanique, enrichis de cinq planches renfermant le détail des divers organes des végétaux, par MUTEL, auteur de la *Flore française*, 3e édit. — 1 vol. in-16.. 1 fr.

ESSAI statistique et médical sur les Eaux minérales des environs de Grenoble, la Motte, la Dame, Uriage, Allevard, Oriol et l'Echaillon, par M. C. LEROY, docteur en médecine, etc. — In-8°, prix...................... 1 fr.

ESSAIS historiques sur la ville de Valence, avec des notes et des pièces justificatives inédites, par Jules OLLIVIER. — 1 v. in-8°. 3 fr. 50

GUIDE PITTORESQUE du voyageur dans le département de l'Isère, contenant la description générale des cantons, etc.

Arrondissement de Grenoble. — EN VENTE : Canton de la Mure et de Vizille; in-18 grand-raisin................................ 40 c.

— Canton de Domène, contenant les eaux d'Uriage; in-18 grand-raisin.......... 40 c.

HISTOIRE de Grenoble et de ses environs, depuis sa fondation sous le nom de Cularo jusqu'à nos jours, par J.-J.-A. PILOT. — 1 vol. in-8°, prix.......................... 3 fr.

ICHNOGRAPHIE de la fontaine monumentale érigée par la ville de Chambéry à la mémoire du général comte de Boigne; ouvrage composé de onze planches dessinées par M. Cassien, et d'un texte historique par M. DÉPOMMIER, professeur de théologie à Chambéry. — In-f°, papier jésus vélin, édition de luxe, prix.............................. 5 fr.

INFLUENCE des anciennes institutions féodales sur la formation de quelques parties du droit civil en France, et spécialement dans la province du Dauphiné, par M. BURDET, professeur à la faculté de droit de Grenoble; un vol. in-8°.......................... 3 fr. 50

MARIE-THÉRÈSE DE BOUËS, ou Mémoires authentiques d'une famille du Dauphiné pendant l'émigration, par M. du BOYSAIME. — In-8°, prix.......................... 5 fr.

MARTIN. Histoire de Charles Dupuis, surnommé le Brave, seigneur de Montbrun. — 1 vol. in-8°, prix.................. 3 fr. 50

MARTIN. Antiquités et inscriptions des villes de Die, d'Orange, de Vaison, d'Apt et de Carpentras. — 1 vol. in-8°, prix........... 3 fr.

MONTBRUN, ou les Huguenots en Dauphiné, roman historique, par E. BADON. — 2 beaux vol. in-8°, édition de luxe............ 5 fr.

Ce roman est l'exposé des guerres religieuses qui ont ensanglanté notre ancienne province.

L'OISANS, essai historique et statistique, par J.-H. ROUSSILLON. — In-8°, prix.... 1 fr.

RECHERCHES sur les antiquités dauphinoises, par J.-J.-A. PILOT. — 2 vol. in-8°.. 5 fr.

STATISTIQUE minéralogique du département des Basses-Alpes, ou Description géologique des terrains qui constituent ce département, avec l'indication des gîtes de minéraux utiles qui s'y trouvent contenus, ouvrage accompagné d'une carte et de coupes géologiques, par M. Scipion GRAS, ingénieur en chef des mines; 1 vol. in-8°, prix........... 8 fr.

STATISTIQUE minéralogique du département de la Drôme, ou Description géologique des terrains qui constituent ce département, avec l'indication des mines, des carrières, et en général de tous les gîtes des minéraux utiles qui s'y trouvent contenus; ouvrage accompagné d'une carte géologique, par M. Scipion GRAS, ingénieur en chef des mines; in-8°.. 8 fr.

VUES (192) SUR LE DAUPHINÉ, lithographiées par MM. Cassien et Debelle; chaque vue.. 50 c.

OUVRAGES D'ÉDUCATION ET AUTRES.

APPLICATION DES PRINCIPES DE MÉCANIQUE aux machines les plus en usage, mues par l'eau, la vapeur, le vent et les animaux, et à diverses constructions ; ouvrage qui fait connaître dans chaque cas la quantité de matière travaillée qui répond à une quantité d'action dépensée par les moteurs ou par l'outil, et qui est destiné à guider les constructeurs dans les calculs relatifs à l'établissement de ces différentes usines; par M. A. TAFFE, capitaine d'artillerie. — Un vol. in-8°, prix.............................. 2 fr. 50

COURS D'HISTOIRE SAINTE d'après LHOMOND, suivi d'un **Abrégé de la vie de J.-C. et de l'Histoire de l'Eglise jusqu'à nos jours**, à l'usage des lycées, petits séminaires, maisons d'éducation et écoles primaires, par M. CLOPIN, professeur au lycée de Grenoble, ouvrage approuvé par NN. SS. les Evêques de Grenoble, de Gap, de Valence et de Viviers, par Mgr l'archevêque de Chambéry, et par le conseil de l'université. — 11e édit., augmentée d'un tableau synoptique des événements mémorables depuis Jésus-Christ jusqu'à nos jours; in-18 cart.............. 60 c.

L'Université recommande aujourd'hui plus que jamais l'usage, dans les classes inférieures, des ouvrages élémentaires de Lhomond, parce qu'ils sont simples, clairs et précis, qualités essentielles.

LA DIASTOLIE ou Méthode pour conserver les dents sans employer la lime, précédée de quelques conseils sur les soins de la bouche, par Louis MÉDAILLE, dentiste. — Première dentition, deuxième dentition, soins hygiéniques de la bouche, du tartre, de la carie, traitement de la carie, diastolie, extraction, dents artificielles. — In-8°, prix....... 25 c.

ÉLÉMENTS de l'électro-magnétisme animal, par le comte Hubert de BEAUMONT-BRIVAZAC. — Prix.............................. 75 c.

L'auteur, dans ce résumé, nous fait connaître ce qu'il est nécessaire de savoir de son sujet quand on ne veut pas l'approfondir.

Il nous dit d'abord ce que c'est que l'*Electro-magnétisme animal*, généralement appelé *magnétisme*. Puis il nous le montre connu de tous les peuples civilisés et sauvages de toutes les contrées et à toutes les époques du monde; il nous initie à l'emploi qu'en faisaient les prêtres païens de l'antiquité, soit pour guérir les malades d'une manière extraordinaire, soit pour frapper les peuples d'étonnement par des effets prodigieux. Il nous donne ensuite le recueil de tous les aphorismes sur cette matière, tirés des écrivains les plus doctes et les plus recommandables, et aussi d'autres aperçus encore inédits, puisés dans la nouvelle école; enfin, il apprend à magnétiser et indique les précautions dont on doit user pour obtenir de cette opération, en faveur de l'humanité, tout l'avantage possible, et éviter tout accident.

GUIDE PRATIQUE DE L'INSTITUTEUR ET DE L'INSTITUTRICE ou *le Livre du Maître*, contenant de DICTÉES expliquées et analysées conformément aux prescriptions de la circulaire ministérielle du 20 août 1857, par E.-A. CHABERT, agrégé de l'Université, inspecteur de l'Académie de Grenoble, en résidence à Gap, auteur de la nouvelle Méthode pour faire les thèmes grecs. — 1 vol. in-12 de 500 pages; rendu franco par la poste à l'adresse donnée, prix.............................. 3 fr.

NOUVEAU BARÊME DE L'OUVRIER ou comptes faits de 0 fr. 50 c. à 5 fr. la journée de 10 heures et celle de 12 heures, comprenant depuis une heure jusqu'à 30 jours inclusivement, ouvrage non moins utile aux Maîtres, Contre-Maîtres et Comptables de toutes les usines, manufactures et ateliers, par J. MALIGNIER, géomètre, ancien instituteur; prix. 75 c.

PROMPT-CALCUL d'intérêts à 40 TAUX différents, plus UNE TABLE *de primes fixes* pour 250 TAUX DIFFÉRENTS, par Candide BENOIT, 1 vol. in-18. — Prix.............................. 2 fr.

Les RÈGLES POUR LA LECTURE DU LATIN, à l'usage des séminaires et des écoles, par M. l'abbé ROUSSELOT, chanoine, professeur de théologie au séminaire; ouvrage approuvé par Mgr l'Evêque de Grenoble; 4e édition, revue et corrigée. — 1 vol. in-18, prix.... 25 c.

LA SCIENCE DU BONHOMME RICHARD et Conseils pour faire fortune, avec une Notice sur Benjamin Franklin et les statuts de la caisse d'épargnes de Grenoble. — In-18, prix. 20 c.

Tout est réuni dans ce livre pour inspirer de bonne heure aux enfants des idées d'ordre et d'économie, et pour leur apprendre, quand ils auront fait des épargnes, à les conserver.

TRAITÉ COMPLET D'ÉDUCATION physique, intellectuelle et morale, comprenant: 1° une partie générale, consacrée à l'examen théorique des principes et à l'exposé des moyens de l'organisation des établissements d'instruction publique; — 2° Une partie spécialement pratique, comprenant plusieurs essais de cours sur les diverses branches de l'enseignement du premier et du second degré; à l'usage des pères et mères de famille, des directeurs et directrices des crèches et des salles d'asile, des instituteurs et institutrices des divers degrés, et de toutes les personnes chargées d'instituer ou de diriger des établissements d'éducation publique; avec tableaux et huit planches lithographiées; par Joseph REY, ancien conseiller de cour d'appel, avec la coopération de M. J.-A. BARRÉ, ancien professeur des sciences physiques. — 1 fort vol. avec atlas, prix.............................. 8 fr.

TRAITÉ D'ORTHOGRAPHE ABSOLUE, dite d'usage, par M. CLOPIN, professeur à Grenoble, 4e édit., 1 vol. in-12, cart.............. 75 c.

Nous ne possédons aucun recueil de règles générales sur l'orthographe absolue qu'on puisse mettre entre les mains de la jeunesse. C'est donc une lacune importante de remplie que la publication de ce Traité, et l'on peut dire de la manière la plus positive, qu'avec l'application de ces règles on apprendra rapidement l'orthographe d'une foule de mots qu'on ne parvient à connaître qu'à force de temps, d'usage et de recherches dans les dictionnaires, si tant est qu'on parvienne à l'apprendre, ce qui est fort douteux pour la plupart des étudiants. — L'école normale de Grenoble a adopté cet ouvrage pour l'usage de ses classes.

TRAITÉ D'ORTHOGRAPHE ABSOLUE, Exercices pratiques, ou suite de Dictées, ayant pour but de familiariser les élèves avec l'application des règles, et de leur apprendre la signification d'un grand nombre de mots. — 2e édit.; 1 vol. in-12, br.............. 2 fr.

Ces exercices, à l'usage des professeurs, contiennent des dictées à faire aux élèves sur chaque règle du traité d'orthographe, afin de les exercer à l'application des principes qu'ils ont déjà appris par cœur.

Imprimerie de PRUDHOMME, rue Lafayette, 14, à Grenoble.

www.ingramcontent.com/pod-product-compliance
Ingram Content Group UK Ltd.
Pitfield, Milton Keynes, MK11 3LW, UK
UKHW021156260726
13994UKWH00001B/498

9 782329 321141